かなり不《ぶ》気《き》味《み》な 深《しん》海《かい》せいぶつ図《ず》鑑《かん》

新野 大 監修

世界文化社

はじめに

深海《しんかい》。そこは、光《ひかり》も届《とど》かない暗《くら》やみの世界《せかい》。そして、科学《かがく》の発達《はったつ》した21世紀《せいき》の今《いま》でも、人類《じんるい》にとってなぞ多《おお》き場所《ばしょ》。

そんな深海《しんかい》に住《す》んでいる生物《せいぶつ》たちは、地上《ちじょう》の生物《せいぶつ》からは想像《そうぞう》もできない不気味《ぶきみ》な姿《すがた》をしたものも少《すく》なくない。

本書《ほんしょ》は、見《み》てドッキリ、知《し》ってビックリする深海《しんかい》の生《い》き物《もの》たちをしょうかいしていく本《ほん》だ。

想像《そうぞう》をはるかにこえる見《み》た目《め》、予測《よそく》もできない生態《せいたい》……深海生物《しんかいせいぶつ》たちは、私《わたし》たちに“生物《せいぶつ》の神秘《しんぴ》”を、いろいろと教《おし》えてくれるはずだ。

それでは、みんなを深海生物《しんかいせいぶつ》がすむ、おどろきの深海《しんかい》の世界《せかい》へ案内《あんない》しよう！

もくじ Contents

第《だい》2章《しょう》　上部漸深層《じょうぶぜんしんそう》（1001〜1500m）

第《だい》4章《しょう》 深海層《しんかいそう》・超深海層《ちょうしんかいそう》（3001m〜）

「深《しん》海《かい》」って

じつは海《うみ》のほとんどは深海《しんかい》なのだ！

「水《みず》のわく星《せい》」ともよばれる地球《ちきゅう》は、約《やく》70%が海《うみ》におおわれている。海《うみ》の水《みず》は、地球上《ちきゅうじょう》にあるすべての水《みず》のうち、約《やく》97.5%にもなるのだ。

そして「深海《しんかい》」とは、海《うみ》の中《なか》で200mよりも深《ふか》い部分《ぶぶん》のことをさす。水深《すいしん》200mまでを「表層《ひょうそう》」、そしてそれ以上《いじょう》に深《ふか》い海《うみ》を「深海《しんかい》」とよぶのだ。

さて深海《しんかい》というと、海《うみ》の底《そこ》の底《そこ》の底《そこ》の底《そこ》のとてもせまい部《ぶ》分《ぶん》、というイメージを持《も》っている人《ひと》も多《おお》いことだろう。だが、地球全体《ちきゅうぜんたい》の海《うみ》の深《ふか》さは平均約《へいきんやく》3700m。つまり、海《うみ》のほとんどは深海《しんかい》なのだ。

深海《しんかい》はさらに「中深層《ちゅうしんそう》」（水深《すいしん》200m〜1000m）、「漸深《ぜんしん》層《そう》」（1001m〜3000m）、「深海層《しんかいそう》」（3001m〜6000m）、

500m
1000m
1500m
2000m
2500m
3000m
3500m
4000m
4500m
5000m
5500m
6000m

なに？

「超深海層《ちょうしんかいそう》」（6001m～）と、細《こま》かく分類《ぶんるい》することができる。中《なか》でも「超深海層《ちょうしんかいそう》」は海全体《うみぜんたい》の２％ほどで、深海《しんかい》の中《なか》でもことさら特《とく》しゅな環境《かんきょう》だ。ちなみに世界《せかい》で一番深《いちばんふか》い海《うみ》は、マリアナ海《かい》こうの「チャレンジ海《かい》えん」。チャレンジ海《かい》えんの水深《すいしん》は10920mにもなり、これは富士山《ふじさん》が３つもしずんでしまうほどの深《ふか》さだ。

深海《しんかい》と表層《ひょうそう》のもっとも大《おお》きなちがいは、太陽《たいよう》の光《ひかり》が届《とど》くかどうか。200mという線引《せんび》きにも、太陽光《たいようこう》が届《とど》くギリギリのラインという意味《いみ》がある。太陽光《たいようこう》が届《とど》かないということは、光合成《こうごうせい》ができないということ。そのため深海《しんかい》では海藻《かいそう》や植物《しょくぶつ》プランクトンが存在《そんざい》できず、表層《ひょうそう》とは生態系《せいたいけい》が大《おお》きく異《こと》なるのだ。

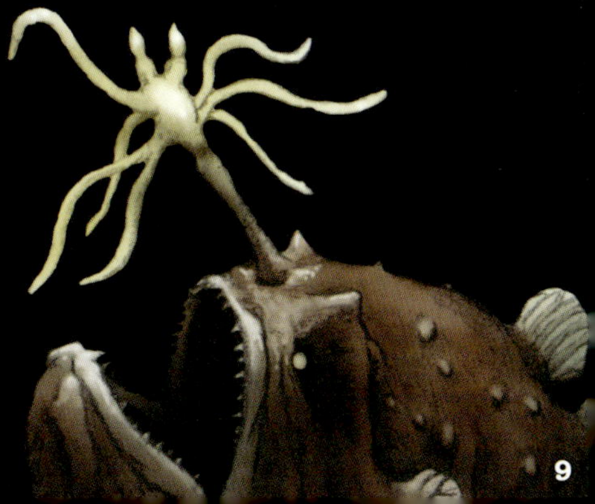

深海《しんかい》には“変《へん》”な

深海《しんかい》はまっ暗《くら》で、水《みず》は冷《つめ》たく、
水圧《すいあつ》の高《たか》い過酷《かこく》な世界《せかい》

　光《ひかり》が届《とど》かない深海《しんかい》は、とても過酷《かこく》な世界《せかい》だ。まわりはまっ暗《くら》だし、水《みず》は冷《つめ》たい。水圧《すいあつ》だって表層《ひょうそう》とは比《くら》べものにならない。ではなぜ深海生物《しんかいせいぶつ》たちは、あえてこんな場所《ばしょ》でくらしているのだろう。

　その大《おお》きな理由《りゆう》のひとつが、敵《てき》の少《すく》なさだ。暗《くら》いので見《み》つかりにくいということもあるが、深海《しんかい》にはそもそも生物《せいぶつ》が少《すく》ない。高水圧《こうすいあつ》、暗《くら》やみ、低水温《ていすいおん》。こんな環境《かんきょう》で生《い》きていける生物《せいぶつ》は限《かぎ》られているのだ。

　だが深海《しんかい》は敵《てき》が少《すく》ないぶん、エモノに出会《であ》えることも少《すく》ない。そこで多《おお》くの深海生物《しんかいせいぶつ》たちは、人間《にんげん》から見《み》れば“変《へん》”な姿《すがた》に進化《しんか》したのだ。あるものはわずかな光《ひかり》を求《もと》めて目《め》を大《おお》きくし、またあるものは口《くち》がしまらないほどキバを長《なが》くした。

500m
1000m
1500m
2000m
2500m
3000m
3500m
4000m
4500m
5000m
5500m

生《せい》物《ぶつ》が多《おお》い!?

光《ひか》るつりざおでエモノをおびきよせるものも、アゴが頭《あたま》より10倍《ばい》大《おお》きいものもいる。これらはすべて、食《た》べ物《もの》の少《すく》ない深海《しんかい》で生《い》きぬくための工夫《くふう》なのだ。またオスとメスがめったに出会《であ》えない深海《しんかい》では、地上《ちじょう》では考《かんが》えられないような繁殖法《はんしょくほう》を持《も》つ生物《せいぶつ》もいる。

深海生物《しんかいせいぶつ》たちは今日《きょう》も、必死《ひっし》に食《た》べ、必死《ひっし》に逃《ひ》げ、必死《ひっし》に子孫《しそん》を残《のこ》している。なぜ顔《かお》がこわいのか。なぜ体《からだ》が長《なが》いのか。なぜそんなところから毛《け》が生《は》えているのか。その理由《りゆう》を知《し》れば、きっとみんなも彼《かれ》らの不気味《ぶきみ》さが愛《いと》おしくなるはずだ。

ピックアップ その3
リュウグウノツカイ
▶▶▶ P.62
ピックアップ その1
ベンテンウオ
▶▶▶ P.72
ピックアップ その2
オオタルマワシ
▶▶▶ P.84

第《だい》1章《しょう》

中《ちゅう》深《しん》層《そう》

200M - 1000M

一般的《いっぱんてき》に水深《すいしん》200m以上《いじょう》の深《ふか》い海《うみ》の部分《ぶぶん》を深海《しんかい》と言《い》う。深海《しんかい》には、その深《ふか》さにより、名称《めいしょう》がつけられており、深《ふか》さ200m～1000mは中深層《ちゅうしんそう》とよばれている。深海《しんかい》の入《い》り口《ぐち》、中深層《ちゅうしんそう》にはどんな生物《せいぶつ》がいるのだろうか？

2つの目《め》を守《まも》るとうめいな頭《あたま》

デメニギス

生息深度 | せいそくしんど

0　500　1000　1500　2000　2500　3000 (m)

レア度《ど》 ★★★☆☆

上《うえ》を通《とお》る生《い》き物《もの》も
見《み》逃《のが》さない

200m～1000m
1001m～1500m
1501m～3000m
3001m～

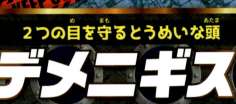

せいぶつデータ

名前《なまえ》	デメニギス	種族《しゅぞく》	ニギス目《もく》デメニギス科《か》
生息深度《せいそくしんど》	400〜800m	生息地《せいそくち》	太平洋《たいへいよう》など
体長《たいちょう》	約《やく》15cm	好物《こうぶつ》	クラゲ、エビなど

デメニギスは、とうめいな頭《あたま》を持《も》つ深海魚《しんかいぎょ》だ。では、頭《あたま》がとうめいだと、どんな役《やく》に立《た》つのだろう。

実《じつ》はこのとうめいな頭《あたま》の中《なか》には、デメニギスの目《め》がある。口《くち》の上《うえ》にあるくぼみは鼻《はな》であり、頭《あたま》の中《なか》にある２つの緑色《みどりいろ》の球状《きゅうじょう》が、彼《かれ》らの本当《ほんとう》の目《め》なのだ。デメニギスは、この目《め》のおかげで、前方《ぜんぽう》だけでなく上《うえ》も見《み》ることができる。彼《かれ》らがすむあたりはまだ少《すこ》し太陽《たいよう》の光《ひかり》が届《とど》くので、この目《め》によって上《うえ》を泳《およ》ぐ生《い》き物《もの》のかげを見《み》ているのだ。

しかしこのとうめいな頭《あたま》はとてもこわれやすく、あみにかかって引《ひ》きあげられるとなくなってしまう。そのため、初《はじ》めて泳《およ》ぐ姿《すがた》がさつえいされるまでは、頭《あたま》がへこんだ魚《さかな》だと思《おも》われていたんだ。

COLUMN

豆知識《まめちしき》

お腹《なか》が光《ひか》るクロデメニギス

デメニギス科《か》の仲間《なかま》であるクロデメニギスは、とうめいな頭《あたま》がないかわりに、腹部《ふくぶ》を光《ひか》らせることができる。腸《ちょう》の中《なか》に発光《はっこう》する細菌《さいきん》をかっているのだ。

QUIZ クイズ

Q.デメニギスのとうめいな頭《あたま》には何《なに》がつまっている？

①空気《くうき》　②液体《えきたい》
③保存食《ほぞんしょく》

こたえは次《つぎ》のページ

KEEP OUT

敵《てき》に見《み》つからないスリムな体《からだ》

テンガンムネエソ

生息深度｜せいそくしんど

0　500　1000　1500　2000　2500　3000 (m)

レア度《ど》 ★★★☆☆

不気味度
大
中
小

まるで忍者《にんじゃ》のように海中《かいちゅう》をただよう

こたえ ②液体《えきたい》 頭《あたま》の中《なか》にはとうめいな液体《えきたい》があり、目《め》を守《まも》っていると考《かんが》えられている。

せいぶつデータ

名前《なまえ》	テンガンムネエソ	種族《しゅぞく》	ワニトカゲギス目《もく》ムネエソ科《か》
生息深度《せいそくしんど》	200〜1000m	生息地《せいそくち》	太平洋《たいへいよう》、大西洋《たいせいよう》、インド洋《よう》
体長《たいちょう》	約《やく》4cm	好物《こうぶつ》	小型生物《こがたせいぶつ》

テンガンムネエソは、とにかく体《からだ》がうすい。体長《たいちょう》は4cmほどだが、体《からだ》のはばはわずか数《すう》mmしかなく、大《おお》きな目《め》が飛《と》び出《だ》して見《み》える。

これはテンガンムネエソも同《おな》じだが、下《した》から上《うえ》を見上《みあ》げ、エサのかげをさがす生物《せいぶつ》が深海《しんかい》にはたくさんいる。テンガンムネエソは、体《からだ》がペラペラなおかげで、そういった敵《てき》に見《み》つからずにすむんだ。

さらにテンガンムネエソは「カウンターイルミネーション」という技《わざ》を使《つか》う。お腹《なか》の下《した》の発光器《はっこうき》から太陽光《たいようこう》と同《おな》じぐらいの光《ひかり》をはなち、かげがないように見《み》せるのだ。

今《いま》にも「もうダメだ……」と言《い》い出《だ》しそうな顔《かお》だが、実際《じっさい》にピンチになることは少《すく》ないのだ。

COLUMN

豆知識《まめちしき》

「カウンターイルミネーション」をする生《い》き物《もの》

テンガンムネエソの他《ほか》にも、トガリムネエソやメダマホウズキイカ、ホタルイカなどが「カウンターイルミネーション」をする生《い》き物《もの》として知《し》られている。

QUIZ クイズ

Q.テンガンムネエソの体《からだ》にはどんな効果《こうか》がある?銀色《ぎんいろ》の

Q.テンガンムネエソの銀色《ぎんいろ》の体《からだ》にはどんな効果《こうか》がある?

①光《ひかり》を反射《はんしゃ》する

②磁石《じしゃく》のようにくっつく

③銀《ぎん》のようにかたい

こたえは次《つぎ》のページ

KEEP OUT KEEP OUT

主食《しゅしょく》はプランクトン

メガマウスザメ

生息深度｜せいそくしんど

0 500 1000 1500 2000 2500 3000 (m)

レア度《ど》 ★★☆☆☆

200m〜1000m
1001m〜1500m
1501m〜3000m
3001m〜

実《じつ》はおとなしいんです

不気味度

大
中
小

こたえ ①光《ひかり》を反射《はんしゃ》する　これも敵《てき》に見《み》つからないための工夫《くふう》のひとつ。

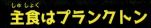

せいぶつデータ

名前《なまえ》	メガマウスザメ	種族《しゅぞく》	ネズミザメ目《もく》メガマウスザメ科《か》
生息深度《せいそくしんど》	200m付近《ふきん》	生息地《せいそくち》	太平洋《たいへいよう》、日本近海《にほんきんかい》など
体長《たいちょう》	約《やく》7m	好物《こうぶつ》	プランクトン

メガマウスザメは、その名《な》の通《とお》りメガなマウス（口《くち》）を持《も》つサメだ。体長《たいちょう》も7mと巨大《きょだい》で、見《み》た目《め》のこわさは深海生物《しんかいせいぶつ》の中《なか》でもトップクラスと言《い》えるだろう。

しかしメガマウスザメは、ホホジロザメのように人《ひと》をおそったりはしない。それどころか、アザラシも魚《さかな》もイカもおそわない。その大《おお》きな口《くち》に似合《にあ》わず、せっせと小《ちい》さなプランクトンを食《た》べてくらしているのだ。

このメガマウスザメは「まぼろしの巨大《きょだい》ザメ」と言《い》われるほどレアな生《い》き物《もの》だが、何《なん》の縁《えん》か、日本近海《にほんきんかい》で発見《はっけん》されることが多《おお》い。ひょっとしたら地味《じみ》な食生活《しょくせいかつ》をおくるメガマウスザメにも、日本《にほん》の「わびさび」の心《こころ》が芽生《めば》えているのだろうか。

COLUMN

豆知識《まめちしき》

サメの歯《は》は一生《いっしょう》生《は》えかわる

人間《にんげん》は一生《いっしょう》に一度《いちど》しか歯《は》が生《は》えかわらないが、サメの歯《は》は欠《か》けたり抜《ぬ》けたりするたびに次《つぎ》の歯《は》が出《で》てくる。一生《いっしょう》のうち3万本《まんほん》の歯《は》が再生《さいせい》するサメもいるんだ。

QUIZ クイズ

Q.メガマウスザメの歯《は》の特徴《とくちょう》は？

①とにかく大《おお》きい
②銀色《ぎんいろ》にかがやいている
③実《じつ》は歯《は》がない

こたえは次《つぎ》のページ

200m〜1000m
1001m〜1500m
1501m〜3000m
3001m〜

じっと動《うご》かぬスナイパー

ミドリフサアンコウ

生息深度｜せいそくしんど

0 500 1000 1500 2000 2500 3000 (m)

レア度《ど》 ★★★☆☆

意外《いがい》と目立《めだ》たぬこの体色《たいしょく》

不《ぶ》気《き》味《み》度《ど》

こたえ ②銀色《ぎんいろ》にかがやいている　メガマウスザメの上《うわ》あごの歯《は》は銀色《ぎんいろ》。この色《いろ》によりプランクトンをおびきよせているようだ。

せいぶつデータ

名前《なまえ》	ミドリフサアンコウ	種族《しゅぞく》	アンコウ目《もく》フサアンコウ科《か》
生息深度《せいそくしんど》	90～500m	生息地《せいそくち》	南《みなみ》日《に》本《ほん》、東《ひがし》シナ海《かい》
体長《たいちょう》	約《やく》30cm	好物《こうぶつ》	魚類《ぎょるい》

家《いえ》のリビングにミドリフサアンコウがいたら、大《おお》さわぎになるか、座《ざ》布《ぶ》団《とん》にまちがえられるか……いずれにしても、あっという間《ま》に見《み》つかってしまうことだろう。

ところが光《ひかり》が少《すく》ない深海《しんかい》では、赤《あか》は目《め》立《だ》たない色《いろ》となる。また黄緑色《きみどりいろ》のはん点《てん》模《も》様《よう》にも、カモフラージュの役《やく》目《め》があると考《かんが》えられている。信《しん》じられないかもしれないが、こんなド派《は》手《で》な生《い》き物《もの》が、深海《しんかい》では目《め》立《だ》たないのだ。

そしてミドリフサアンコウは、目《め》と目《め》の間《あいだ》のとっ起《き》をピロピロさせながら、エモノがよってくるのを海底《かいてい》でジッと待《ま》つ。好物《こうぶつ》の小魚《こざかな》などが目《め》の前《まえ》に来《き》たら、一瞬《いっしゅん》で「パクリ！」。泳《およ》ぐのが得意《とくい》でないため、色々《いろいろ》な工夫《くふう》をこらして生《い》き残《のこ》っているんだ。

COLUMN

豆《まめ》知《ち》識《しき》

深海《しんかい》の赤《あか》い生物《せいぶつ》たち

光《ひかり》が少《すく》ない場所《はしょ》では、赤《あか》いものが黒《くろ》く見《み》える。そのため深海《しんかい》には、アカカブトクラゲやベニズワイガニ、アカグツなど、赤《あか》い体色《たいしょく》の生《せい》物《ぶつ》が多《おお》くいるんだ。

QUIZ《クイズ》

Q.ミドリフサアンコウがピンチのときにする行動《こうどう》は？

①毒《どく》をはく　②仲間《なかま》をよぶ
③ふくらむ

こたえは次《つぎ》のページ

200m〜1000m
1001m〜1500m
1501m〜3000m
3001m〜

KEEP OUT KEEP OUT

不器用《ぶきよう》だけど一生《いっしょう》けんめい

フウリュウウオ

生息深度｜せいそくしんど
0 500 1000 1500 2000 2500 3000 (m)

レア度《ど》 ★★★★★

ヒレを使《つか》って ヨチヨチ歩《ある》く

こたえ ③ふくらむ 海水《かいすい》を飲《の》んでボールのようにふくらみ、体《からだ》を大《おお》きく見《み》せる。

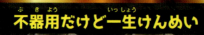

せいぶつデータ

名前《なまえ》	フウリュウウオ
種族《しゅぞく》	アンコウ目《もく》アカグツ科《か》
生息深度《せいそくしんど》	100～700m
生息地《せいそくち》	南日本《みなみにほん》、台湾《たいわん》、フィリピン周辺《しゅうへん》
体長《たいちょう》	約《やく》10cm
好物《こうぶつ》	貝類《かいるい》、こうかく類《るい》、魚類《ぎょるい》など

まるでカエルのような見《み》た目《め》だが、フウリュウウオはアンコウの仲間《なかま》。れっきとした魚《さかな》の一種《いっしゅ》だ。

足《あし》のように見《み》えるのは、発達《はったつ》した胸《むね》ビレと腹《はら》ビレ。フウリュウウオはこのヒレを上手《じょうず》に使《つか》い、海底《かいてい》をヨチヨチと歩《ある》く。そして敵《てき》が近《ちか》づくとヒレを広《ひろ》げて低《ひく》くふせ、いなくなるまでジッとやり過《す》ごす。他《ほか》の魚《さかな》のように泳《およ》ぐこともできるが、長時間《ちょうじかん》泳《およ》ぐのは得意《とくい》ではないのだ。

そんな不器用《ぶきよう》なフウリュウウオだが、目《め》と目《め》の間《あいだ》には、エモノをおびきよせるための、魚《さかな》つりで使《つか》うぎじエサのようなものがついている。しかし小《ちい》さすぎてほとんど役《やく》に立《た》たず、悲《かな》しいことに、鼻毛《はなげ》が風《かぜ》になびいているだけに見《み》えてしまうんだ。

COLUMN

豆知識《まめちしき》

アカグツ科《か》の生物《せいぶつ》

フウリュウウオの仲間《なかま》であるアカグツ科《か》には、78種《しゅ》がふくまれる。基本的《きほんてき》に泳《およ》ぐのは苦手《にがて》で、フウリュウウオのようにヒレを使《つか》って海《かい》底《てい》を歩《ある》くように移動《いどう》する。

QUIZ クイズ

Q.フウリュウウオを漢字《かんじ》で書《か》くと？

①風流魚　②風竜魚
③風柳魚

こたえは次《つぎ》のページ

世界最大《せかいさいだい》のカニ

タカアシガニ

生息深度｜せいそくしんど

0　500　1000　1500　2000　2500　3000 (m)

レア度《ど》 ★★★★☆

日本周辺《にほんしゅうへん》が ぼくらのすみか

こたえ ①風流魚 「風流《ふうりゅう》」には「美《うつく》しい」「ゆうが」といった意味《いみ》がある。

せいぶつデータ

名前《なまえ》	タカアシガニ
種族《しゅぞく》	十脚目《じっきゃくもく》クモガニ科《か》
生息深度《せいそくしんど》	50～300m
生息地《せいそくち》	岩手県以南《いわてけんいなん》の太平洋《たいへいよう》、東《ひがし》シナ海《かい》
体長《たいちょう》	約《やく》30cm（こうら）
好物《こうぶつ》	貝類《かいるい》、こうかく類《るい》

タカアシガニは、日本周辺《にほんしゅうへん》にすむ世界最大《せかいさいだい》のカニだ。オスの場合《ばあい》、ハサミのある左右《さゆう》のあしを広《ひろ》げると3mにもなる。ちなみにズワイガニは、あしを広《ひろ》げて70cmほど。比《くら》べると、タカアシガニがどれだけ大《おお》きいかがわかるだろう。普段《ふだん》は水深《すいしん》300mほどの深海《しんかい》に生息《せいそく》するタカアシガニだが、春《はる》の産卵期《さんらんき》になると浅《あさ》い海《うみ》まで上《あ》がってくる。この時期《じき》にはマリンダイビングでも出会《であ》うことができ、ちょっとした海《うみ》の人気者《にんきもの》となる。

そしてタカアシガニは、一般《いっぱん》のカニと同《おな》じように脱皮《だっぴ》をする。なにせこの巨体《きょたい》だ。小《ちい》さなサワガニの脱皮《だっぴ》が30分《ぷん》ほどで終《お》わるのに対《たい》し、タカアシガニの脱皮《だっぴ》は6時間《じかん》もかかるのだ。

COLUMN

豆知識《まめちしき》

巨大化《きょだいか》する深海《しんかい》のヒトデ

深海《しんかい》には巨大化《きょだいか》したヒトデも生息《せいそく》している。日本周辺《にほんしゅうへん》にすむダイオウゴカクヒトデは40cm、北米西《ほくべいにし》海岸《かいがん》にすむジャイアントスターフィッシュは直径《ちょっけい》60cmにもなる。

QUIZ クイズ

Q. 静岡県沼津市戸田《しずおかけんぬまづしへだ》では、タカアシガニを何《なに》に使《つか》っている？

①占《うらな》い　②魔《ま》よけ

③お祭《まつ》り

こたえは次《つぎ》のページ

愛《あい》らしい「流氷《りゅうひょう》の天使《てんし》」

ハダカカメガイ

生息深度｜せいそくしんど

0　500　1000　1500　2000　2500　3000 (m)

レア度《ど》★★★★★

不気味度

食事《しょくじ》シーンはめちゃくちゃこわい

こたえ　②魔《ま》よけ　こうらにオニの絵《え》などを描《か》いてお面《めん》をつくり、玄関《げんかん》にかざる伝統《でんとう》がある。

せいぶつデータ

名前《なまえ》	ハダカカメガイ
種族《しゅぞく》	裸殻翼足目《らかくよくそくもく》ハダカカメガイ科《か》
生息深度《せいそくしんど》	0～600m
生息地《せいそくち》	北極《ほっきょく》、南極周辺《なんきょくしゅうへん》の冷水域《れいすいいき》
体長《たいちょう》	約《やく》3cm
好物《こうぶつ》	ミジンウキマイマイ

　ハダカカメガイは、属名《ぞくめい》の「クリオネ」とよばれることがほとんどだ。その名《な》の通《とお》り巻貝《まきがい》の仲間《なかま》だが、貝《かい》がらは大人《おとな》になるとなくなってしまう。

　ハダカカメガイがユラユラと泳《およ》ぐ姿《すがた》は、まるで羽《は》ばたいているように見《み》え、とてもかわいらしい。その様子《ようす》は「流氷《りゅうひょう》の天使《てんし》」「海《うみ》の妖精《ようせい》」などと例《たと》えられ、水族館《すいぞくかん》でも超《ちょう》がつく人気者《にんきもの》だ。

　そんな彼《かれ》らも、食事時《しょくじどき》には悪魔《あくま》にかわる。エモノを見《み》つけると、頭《あたま》の先《さき》が「パカッ！」と開《ひら》き、中《なか》からバッカルコーンという6本《ぽん》のウネウネが登場《とうじょう》。エモノを一瞬《いっしゅん》にしてとらえてしまう。そして満腹《まんぷく》になると、また何《なに》もなかったかのように天使《てんし》の姿《すがた》にもどっていくのだ。

COLUMN

豆知識《まめちしき》

100年《ねん》ぶりに見《み》つかった新種《しんしゅ》のクリオネ

2016年《ねん》に、約《やく》100年《ねん》ぶりの新種《しんしゅ》のクリオネ「ダルマハダカカメガイ」が見《み》つかった。その名《な》の通《とお》りダルマのような姿《すがた》をしており、天使《てん》らしさはほとんどない。

QUIZ クイズ

Q.ハダカカメガイは、どれぐらい食事《しょくじ》をしなくても平気《へいき》？

①1週間《しゅうかん》　②1カ月《げつ》
③1年《ねん》

こたえは次《つぎ》のページ

KEEP OUT KEEP OUT

ピンチになると「ぬた」を発射《はっしゃ》

ムラサキヌタウナギ

生息深度｜せいそくしんど

0 500 1000 1500 2000 2500 3000 (m)

レア度《と》 ★★★★★

200m～1000m
1001m～1500m
1501m～3000m
3001m～

ネバネバの液体《えきたい》で身《み》を守《まも》る

不気味度

こたえ ③1年《ねん》 大人《おとな》になると1年間《ねんかん》も絶食《ぜっしょく》する場合《ばあい》がある。

せいぶつデータ

名前《なまえ》	ムラサキヌタウナギ	種族《しゅぞく》	ヌタウナギ目《もく》ヌタウナギ科《か》
生息深度《せいそくしんど》	200～765m	生息地《せいそくち》	太平洋《たいへいよう》、日本海《にほんかい》
体長《たいちょう》	約《やく》80cm	好物《こうぶつ》	クジラの死《し》がい

口《くち》のように見《み》えるのは鼻《はな》の穴《あな》。ムラサキヌタウナギはほとんど目《め》が見《み》えないため、においをたよりに食料《しょくりょう》を探《さが》すのだ。口《くち》は鼻《はな》の穴《あな》の下《した》にあり、のこぎりのような歯《は》で肉《にく》をけずりとって食《た》べる。

そんなムラサキヌタウナギの最大《さいだい》の特徴《とくちょう》は、名前《なまえ》の由《ゆ》来《らい》にもなっている「ぬた」。ピンチになると、「ぬた」というネバネバした液体《えきたい》を体《からだ》から出《だ》し、身《み》を守《まも》るのだ。敵《てき》にとって、この「ぬた」はとてもやっかい。もしエラに入《はい》ってしまったら、呼吸《こきゅう》ができなくなってしまうからだ。

しかし時《とき》として、「ぬた」が自分《じぶん》の鼻《はな》の穴《あな》に入《はい》ってしまうこともある。そんな時《とき》は人間《にんげん》が鼻《はな》の穴《あな》からピーナッツを飛《と》ばすように、「ふん！」と勢《いきお》いよくふき出《だ》すぞ。

COLUMN

豆知識《まめちしき》

ヌタウナギが起《お》こした事故《じこ》

アメリカで、ヌタウナギを運《はこ》んでいたトレーラーが横転《おうてん》。大量《たいりょう》のヌタウナギが道路《どうろ》に放《ほう》り出《だ》され、後続車《こうぞくしゃ》が「ぬた」により次々《つぎつぎ》とスリップするという事故《じこ》があった。

クイズ

Q.ムラサキヌタウナギが持《も》っていないものは？
①口《くち》　②鼻《はな》　③アゴ

こたえは次《つぎ》のページ

ゾウのような鼻《はな》を持《も》つサメ

ゾウギンザメ

生息深度｜せいそくしんど

0　500　1000　1500　2000　2500　3000 (m)

レア度《ど》 ★★★☆☆

200m〜1000m
1001m〜1500m
1501m〜3000m
3001m〜

鼻《はな》の先《さき》で電《でん》流《りゅう》をキャッチ

不気味度 小

こたえ ③アゴ　せきつい動物《どうぶつ》のうちアゴがない「むがく類《るい》」の仲間《なかま》。他《ほか》のむがく類《るい》はほとんどが絶滅《ぜつめつ》してしまった。

せいぶつデータ

名前《なまえ》	ゾウギンザメ	種族《しゅぞく》	ギンザメ目《もく》ゾウギンザメ科《か》
生息深度《せいそくしんど》	250m付近《ふきん》	生息地《せいそくち》	太平洋南西《たいへいようなんせい》
体長《たいちょう》	約《やく》1m	好物《こうぶつ》	貝類《かいるい》、こうかく類《るい》など

雑巾《ぞうきん》ザメではなく、ゾウギンザメ。サメとは別《べつ》のギンザメというグループの仲間《なかま》で、ゾウのような鼻《はな》を持《も》つということからその名《な》がついた。

「これのどこがゾウなんだ」というツッコミはさておき、この鼻《はな》はとても高性能《こうせいのう》だ。鼻《はな》の先《さき》がセンサーになっており、エモノたちが出《だ》す小《ちい》さな電流《でんりゅう》を感知《かんち》。たとえ泥《どろ》の中《なか》にかくれていても、見《み》つけ出《だ》すことができるのだ。

何《なん》だかハイテク生物《せいぶつ》のようにも思《おも》えるが、実《じつ》はゾウギンザメは数億年《すうおくねん》も前《まえ》からこの地球《ちきゅう》に存在《そんざい》し、ほとんど姿《すがた》も変《か》わっていないと言《い》われている。それほど似《に》てもいないゾウの名《な》をつけられてはいるが、本当《ほんとう》はゾウよりもずっとずっと先《せん》パイなのだ。

COLUMN

豆知識《まめちしき》

鼻《はな》がまっすぐなテングギンザメ

ギンザメ目《もく》の仲間《なかま》であるテングギンザメは、ゾウギンザメとはちがい鼻《はな》（口《くち》の上《うえ》）がまっすぐにのびている。こちらは確《たし》かに、「テング」の名《な》にふさわしい姿《すがた》だ。

QUIZ クイズ

Q. ゾウギンザメは一度《いちど》にいくつ卵《たまご》を産《う》む？

①2個《こ》　②100個《こ》
③1万個《まんこ》

こたえは次《つぎ》のページ

ハートのような姿《すがた》

コトクラゲ

生息深度｜せいそくしんど

0 500 1000 1500 2000 2500 3000 (m)

レア度《ど》 ★★★★★

クラゲだけど
泳《およ》がない

こたえ ①2個《こ》 ゾウギンザメは海底《かいてい》に2個《こ》の卵《たまご》を産《う》む。海洋生物《かいようせいぶつ》としてはきわめて少《すく》ない。

せいぶつデータ

名前《なまえ》	コトクラゲ	種族《しゅぞく》	クシヒラムシ目《もく》コトクラゲ科《か》
生息深度《せいそくしんど》	70～230m	生息地《せいそくち》	日本近海《にほんきんかい》
体長《たいちょう》	約《やく》15cm	好物《こうぶつ》	小型《こがた》プランクトン

クラゲというと、海中《かいちゅう》をユラユラとただよっているイメージがある。ところがコトクラゲは、大人《おとな》になると石《いし》にくっつき、泳《およ》がなくなってしまう。その姿《すがた》は、まるでハートのオブジェのようだ。

ではコトクラゲは、石《いし》にくっついたままどうやって食《しょく》料《りょう》を得《え》ているのだろう。正解《せいかい》は触手《しょくしゅ》。ゲームやアニメのモンスターのように、触手《しょくしゅ》をのばしてプランクトンをとらえるのだ。

そしてさらにおどろきなのは、なんとこのコトクラゲを発見《はっけん》したのは、クラゲ好《ず》きとしても知《し》られた昭和天皇《しょうわてんのう》だったということ。そのためコトクラゲの種小名《しゅしょうめい》には、天皇《てんのう》を意味《いみ》する「imperatoris」がついているんだ。

COLUMN

豆知識《まめちしき》

深海《しんかい》のイソギンチャク

コトクラゲの生活《せいかつ》は、イソギンチャクに近《ちか》い。深海《しんかい》にもイソギンチャクは生息《せいそく》しており、その一種《いっしゅ》であるダーリアイソギンチャクは、ダリアの花《はな》によく似《に》ている。

QUIZ クイズ

Q.コトクラゲの名前《なまえ》の由来《ゆらい》は？

①竪琴《たてごと》に似《に》ている

②「コトコト」と鳴《な》く

③発見《はっけん》されたのが古都京都《こときょうと》だった

こたえは次《つぎ》のページ

KEEP OUT KEEP OUT

深海《しんかい》を泳《およ》ぐ尼《あま》さん

ザラビクニン

生息深度｜せいそくしんど

0 500 1000 1500 2000 2500 3000 (m)

レア度《ど》 ★★★★★

200m〜1000m
1001m〜1500m
1501m〜3000m
3001m〜

不気味度 中 小

こたえ ①竪琴《たてごと》に似《に》ている　日本《にほん》のお琴《こと》ではなく、竪琴《たてごと》（ハープ）に似《に》ていることから。

せいぶつデータ

名前《なまえ》	ザラビクニン	種族《しゅぞく》	カサゴ目《もく》クサウオ科《か》
生息深度《せいそくしんど》	200～800m	生息地《せいそくち》	日本海《にほんかい》、オホーツク海《かい》
体長《たいちょう》	約《やく》30cm	好物《こうぶつ》	小型《こがた》のこうかく類《るい》

出家《しゅっけ》した女性《じょせい》のことを「比丘尼《びくに》」（尼《あま》さんのこと）とよぶ。ザラビクニンは、丸《まる》い頭《あたま》がまるで比丘尼《びくに》のようであることから、その名《な》がついた深海魚《しんかいぎょ》だ。広《ひろ》い海《うみ》の中《なか》には、海女《あま》さんだけでなく尼《あま》さんも泳《およ》いでいるんだ。

ザラビクニンは、うろこがなく、皮《ひ》ふはゼリーのようにやわらかく、陸《りく》にあげるとクラゲのように体《からだ》の形《かたち》がくずれてしまう。腹部《ふくぶ》には小《ちい》さな吸《きゅう》ばんがあり、かたいものにくっつくことができる。

そしてザラビクニンは、地上《ちじょう》で言《い》うところの逆立《さかだ》ちのようなポーズでエモノを探《さが》す。ザラビクニンの胸《むな》ビレは味《あじ》を感《かん》じることができるため、この胸《むな》ビレを海底《かいてい》につけながら味見《あじみ》をしているのだ。

COLUMN

豆知識《まめちしき》

皮《ひ》ふがブヨブヨの生《い》き物《もの》

同《おな》じくクサウオ科《か》のタマコンニャクウオも、皮《ひ》ふがゼリーのようにブヨブヨ。ほとんどが水分《すいぶん》でできているこの体《からだ》は、深海《しんかい》の高《たか》い水圧《すいあつ》にたえることができるのだ。

QUIZ クイズ

Q. ザラビクニンは何《なに》属《ぞく》の仲間《なかま》？

①シラタキウオ属《ぞく》

②カンテンウオ属《ぞく》

③コンニャクウオ属《ぞく》

こたえは次《つぎ》のページ

体《からだ》にたくさんの発《はっ》光《こう》器《き》官《かん》

ユウレイイカ

生息深度｜せいそくしんど

0　500　1000　1500　2000　2500　3000 (m)

レア度《ど》★★★★★

ゆうれいなのに
意《い》外《がい》とわんぱく

こたえ　③コンニャクウオ属《ぞく》　ザラビクニンは、クサウオ科《か》コンニャクウオ属《ぞく》の仲間《なかま》。

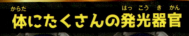

せいぶつデータ

名前《なまえ》	ユウレイイカ	種族《しゅぞく》	ツツイカ目《もく》ユウレイイカ科《か》
生息深度《せいそくしんど》	200～600m	生息地《せいそくち》	太平洋《たいへいよう》、インド洋《よう》
体長《たいちょう》	約《やく》25cm（胴《どう》）	好物《こうぶつ》	エビ類《るい》、カニ類《るい》

　発見当時《はっけんとうじ》は、ゆうれいのように静《しず》かにただよっていると考《かんが》えられていたことから、その名《な》がついたユウレイイカ。しかしよくよく観察《かんさつ》してみると、光《ひかり》をはなち、積極的《せっきょくてき》に泳《およ》ぎ回《まわ》る活発《かっぱつ》な生物《せいぶつ》であることがわかった。
　元々半《もともとはん》とうめいで見《み》つかりづらいユウレイイカだが、それでも目《め》や内臓《ないぞう》などは目立《めだ》ってしまう。そこでユウレイイカは光《ひかり》をはなち、自分《じぶん》のかげを消《け》して身《み》を守《まも》るのだ。またユウレイイカは、かりでも光《ひかり》を使《つか》う。うでを光《ひか》らせて、ルアーのようにエモノをおびきよせるのだ。
　しかしゆうれいにめったに出会《であ》えないように、生《い》きたユウレイイカが発見《はっけん》されることは少《すく》ない。そのため、まだくわしい生態《せいたい》はわかっていない。

COLUMN

豆知識《まめちしき》

すけた体《からだ》で身《み》をかくす

スカシダコも、ユウレイイカと同《おな》じように体《からだ》がすけている。その上《うえ》、体《からだ》をいつもたて長《なが》にすることで、内臓《ないぞう》のかげの面積《めんせき》を少《すく》なくしているんだ。

QUIZ《クイズ》

Q.ユウレイイカのうでの特徴《とくちょう》は？

①細《ほそ》いうでと太《ふと》いうでがある
②明《あき》らかに色《いろ》がちがううでがある
③かたさがちがううでがある

こたえは次《つぎ》のページ

実《じつ》は絶《ぜつ》滅《めつ》していなかった

シーラカンス

生息深度｜せいそくしんど

0　500　1000　1500　2000　2500　3000 (m)

レア度《ど》 ★★★★★

陸《りく》上《じょう》生《せい》物《ぶつ》になりかけた「生《い》きた化《か》石《せき》」

不気味度

中

小

こたえ　①細《ほそ》いうでと太《ふと》いうでがある　10本《ぽん》のうでのうち、太《ふと》いうでと細《ほそ》いうでが2本《ほん》ずつある。

せいぶつデータ

名前《なまえ》	シーラカンス	種族《しゅぞく》	シーラカンス目《もく》シーラカンス科《か》
生息深度《せいそくしんど》	50〜数百《すうひゃく》m	生息地《せいそくち》	南《みなみ》アフリカ周辺《しゅうへん》など
体長《たいちょう》	約《やく》1〜2m	好物《こうぶつ》	イカ類《るい》、魚類《ぎょるい》

シーラカンスは、4億年以上前《おくねんいじょうまえ》の古生代《こせいだい》デボン紀《き》に出《しゅつ》現《げん》した魚《さかな》。6500万年前《まんねんまえ》の白亜紀《はくあき》の終《お》わりに絶滅《ぜつめつ》したと考《かんが》えられていたが、1938年《ねん》に生《い》きた個体《こたい》が発見《はっけん》された。

大昔《おおむかし》の生物《せいぶつ》は、化石《かせき》が情報源《じょうほうげん》となる。シーラカンスも白亜紀《はくあき》を最後《さいご》に化石《かせき》が見《み》つからなかったことから、その時代《じだい》に絶滅《ぜつめつ》したと考《かんが》えられていた。そんな中《なか》、化石《かせき》どころかご本人《ほんにん》が登場《とうじょう》。当時《とうじ》の学者《がくしゃ》たちは、こしをぬかすほどおどろいたはずだ。

そして後《のち》の研究《けんきゅう》により、シーラカンスは陸上生物《りくじょうせいぶつ》と同《おな》じタイプの遺伝子《いでんし》を持《も》っていることがわかった。きっと彼《かれ》らは、魚類《ぎょるい》とそこから進化《しんか》した陸上生物《りくじょうせいぶつ》の途中《とちゅう》に位置《いち》する生《い》き物《もの》なのだろう。

COLUMN

豆知識《まめちしき》

「生《い》きた化石《かせき》」カブトガニ

カブトガニも「生《い》きた化石《かせき》」とよばれる生物《せいぶつ》のひとつだ。カニとは言《い》うがクモに近《ちか》く、今《いま》の姿《すがた》になってから約《やく》2億年《おくねん》がたつと考《かんが》えられている。

QUIZ クイズ

Q.なぜ深海《しんかい》には「生《い》きた化石《かせき》」が多《おお》く生《い》き残《のこ》っている?

①環境《かんきょう》が変《か》わらないから

②水圧《すいあつ》があるから

③食《た》べ物《もの》が多《おお》いから

こたえは次《つぎ》のページ

頭《とう》足《そく》類《るい》の「生《い》きた化石《かせき》」

オウムガイ

生息深度｜せいそくしんど
0 500 1000 1500 2000 2500 3000 (m)

レア度《ど》 ★★★☆☆

自分《じぶん》の家《いえ》なのに奥《おく》まで入《はい》れない

不気味度
小

こたえ ①環境《かんきょう》が変《か》わらないから 深海《しんかい》の環境《かんきょう》は数億年《すうおくねん》も前《まえ》から変《か》わっておらず、必《かなら》ずしも進化《しんか》をする必要《ひつよう》がない。

せいぶつデータ

名前《なまえ》	オウムガイ	種族《しゅぞく》	オウムガイ目《もく》オウムガイ科《か》
生息深度《せいそくしんど》	0〜400m	生息地《せいそくち》	インド洋《よう》〜西太平洋《にしたいへいよう》
体長《たいちょう》	約《やく》20〜25cm（から）	好物《こうぶつ》	エビ類《るい》、カニ類《るい》

シーラカンスと同《おな》じように、オウムガイも「生《い》きた化《か》石《せき》」のひとつだ。オウムガイの先祖《せんぞ》は、約《やく》4億《おく》9000万《まん》年前《ねんまえ》のオルドビス紀《き》に栄《さか》えていたと言《い》われている。

巻貝《まきがい》のようだが、オウムガイはタコやイカと同《おな》じ頭足《とうそく》類《るい》という仲間《なかま》。しかしタコやイカが数年《すうねん》で死《し》んでしまうのに対《たい》し、オウムガイは20年近《ねんちか》くも生《い》きる。

からの中《なか》はいくつもの部屋《へや》に分《わ》かれており、最《もっと》も出口《でぐち》に近《ちか》い広《ひろ》い部屋《へや》には体《からだ》が入《はい》っている。しかしその奥《おく》の部屋《へや》にはかべがあって入《はい》れないため、オウムガイはからの中《なか》にスッポリと体《からだ》をおさめることができないんだ。ちなみにこのからは、あまり深《ふか》いところに行《い》くと水圧《すいあつ》で割《わ》れてしまうぞ。

COLUMN

豆知識《まめちしき》

アンモナイトは別《べつ》の生物《せいぶつ》

オウムガイとアンモナイトは、見《み》た目《め》も分類《ぶんるい》もよく似《に》ているが、別《べつ》の生物《せいぶつ》だ。オウムガイは今《いま》でも生《せい》息《そく》しているが、アンモナイトはすでに絶滅《ぜつめつ》してしまっている。

QUIZ クイズ

Q.メスのオウムガイの触手《しょくしゅ》は何本《なんぼん》ある？

①9本《ほん》　②90本《ほん》

③900本《ほん》

こたえは次《つぎ》のページ

200m〜1000m
1001m〜1500m
1501m〜3000m
3001m〜

とうめいな血《ち》を持《も》つ魚《さかな》

スイショウウオ

生息深度｜せいそくしんど

0　500　1000　1500　2000　2500　3000 (m)

レア度《ど》 ★★★☆☆

冷《つめ》たくても
こおらない

こたえ　②90本《ぽん》　約《やく》90本《ぽん》の触手《しょくしゅ》を使《つか》って、好物《こうぶつ》のエビなどをつかまえる。

せいぶつデータ

名前《なまえ》	スイショウウオ
種族《しゅぞく》	スズキ目《もく》コオリウオ科《か》
生息深度《せいそくしんど》	0～800m
生息地《せいそくち》	南極海《なんきょくかい》
体長《たいちょう》	約《やく》70m
好物《こうぶつ》	魚類《ぎょるい》、エビ類《るい》

普通《ふつう》の魚《さかな》は、水温《すいおん》がマイナス0.8度《ど》ほどになるとこおってしまう。では、水温《すいおん》がマイナス2～3度《ど》の南極海《なんきょくかい》でくらす魚《さかな》たちは、なんでカチカチにならないのだろう。

実《じつ》は彼《かれ》らの血液《けつえき》の中《なか》には、「不《ふ》とうたんぱく質《しつ》」というものがふくまれている。この特別《とくべつ》なたんぱく質《しつ》のおかげで、冷《つめ》たい冷《つめ》たい海《うみ》の中《なか》でも生《い》きることができるのだ。

南極海《なんきょくかい》にすむスイショウウオもまた、不《ふ》とうたんぱく質《しつ》を持《も》つ魚《さかな》だ。しかし、彼《かれ》らの血液《けつえき》にはそれ以上《いじょう》に大《おお》きな特徴《とくちょう》がある。なんと彼《かれ》らの体内《たいない》にはとうめいな血《ち》が流《なが》れているのだ。血《ち》がとうめいなのはヘモグロビンという色素《しきそ》がないためだが、なぜそうなったのかはいまだなぞに包《つつ》まれている。

COLUMN

豆知識《まめちしき》

そもそもなんで南極海《なんきょくかい》はこおらない？

水《みず》が0度《ど》でこおることは、小学校《しょうがっこう》の理科《りか》の授業《じゅぎょう》でも習《なら》う。しかし海水《かいすい》は塩《しお》が入《はい》っているためこおりにくく、南極《なんきょく》の海水《かいすい》は、マイナス20度《ど》にならないとこおらないのだ。

QUIZ クイズ

Q.ヘモグロビンの主《おも》な役割《やくわり》は？

①酸素《さんそ》を運《はこ》ぶ
②筋肉《きんにく》を作《つく》る
③骨《ほね》を丈夫《じょうぶ》にする

こたえは次《つぎ》のページ

クジラじゃなくてサメ

フトシミフジクジラ

生息深度｜せいそくしんど

0　500　1000　1500　2000　2500　3000 (m)

レア度《ど》★★★★★

200m～1000m　1001m～1500m　1501m～3000m　3001m～

イカのように全《ぜん》身《しん》が発《はっ》光《こう》するサメ

こたえ　①酸素《さんそ》を運《はこ》ぶ　ヘモグロビンがないスイショウウオは、血《けっ》しょうという成分《せいぶん》に酸素《さんそ》をとかして運《はこ》ぶ。

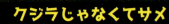

せいぶつデータ

名前《なまえ》	フトシミフジクジラ	種族《しゅぞく》	ツノザメ目《もく》カラスザメ科《か》
生息深度《せいそくしんど》	120～210m	生息地《せいそくち》	東《ひがし》シナ海《かい》、ジャワ海《かい》など
体長《たいちょう》	約《やく》30cm	好物《こうぶつ》	イカ類《るい》

名前《なまえ》に「クジラ」とつくが、フトシミフジクジラはサメの一種《いっしゅ》だ。ツノザメ目《もく》カラスザメ科《か》にふくまれ、体長《たいちょう》は30cmほどにしかならない。サメの仲間《なかま》の中《なか》では、かなり小柄《こがら》なほうだ。

フトシミフジクジラは、「光《ひか》るサメ」として知《し》られている。ほぼ全身《ぜんしん》に発光器《はっこうき》を持《も》っており、とくにお腹《なか》を強《つよ》く光《ひか》らせることができる。サメなのにクジラだし、サメなのにイカのように光《ひか》るし、何《なん》とも複雑《ふくざつ》な生物《せいぶつ》である。

そしてこの光《ひかり》には、「カウンターイルミネーション」の効果《こうか》があると考《かんが》えられている。彼《かれ》らの体《からだ》ではほ食者《しょくしゃ》である大型《おおがた》のサメにたちうちできないため、光《ひかり》によって身《み》をかくしているのだろう。

COLUMN

豆知識《まめちしき》

緑《みどり》に光《ひか》る アメリカナヌカザメ

アメリカナヌカザメは、蛍光《けいこう》の緑色《みどりいろ》に光《ひか》るサメだ。だがその光《ひかり》は人間《にんげん》の目《め》では見《み》ることができず、特《とく》しゅなカメラを使《つか》ってようやく確認《かくにん》できる。

QUIZ クイズ

Q. 次《つぎ》のうち、サメでないものはどれ？

①ツマグロ
②ミズワニ
③シルバーシャーク

こたえは次《つぎ》のページ

KEEP OUT KEEP O

KEEP OUT

なぜそんなところに……？

メタンアイスワーム

生息深度 | せいそくしんど

0 500 1000 1500 2000 2500 3000 (m)

レア度《ど》 ★★★☆☆

すみかはメタンハイドレート

不《ぶ》気《き》味《み》度《ど》

超
特大
大
中
小

こたえ ③シルバーシャーク　シルバーシャークはコイの仲間《なかま》。

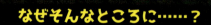

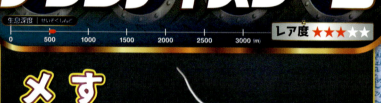

せいぶつデータ

名前《なまえ》	メタンアイスワーム	種族《しゅぞく》	サシバコカイ目《もく》オトヒメゴカイ科《か》
生息深度《せいそくしんど》	540m	生息地《せいそくち》	メキシコ湾《わん》
体長《たいちょう》	不明《ふめい》	好物《こうぶつ》	不明《ふめい》

日本近海《にほんきんかい》をふくめ、世界中《せかいじゅう》の海底《かいてい》にはメタンハイドレートという氷状《こおりじょう》の物質《ぶっしつ》が眠《ねむ》っている。このメタンハイドレートは石油《せきゆ》に代《か》わる新《しん》エネルギー源《げん》として注目《ちゅうもく》されているが、その採掘《さいくつ》には目《め》が飛《と》び出《で》るほどのお金《かね》がかかり、今《いま》のところ実用化《じつようか》にはいたっていない。

ところが深海《しんかい》には、すでにこのメタンハイドレートをうまいこと活用《かつよう》している生《い》き物《もの》がいる。その名《な》もメタンアイスワーム。多毛類《たもうるい》であるゴカイの仲間《なかま》だ。

メタンアイスワームは、メタンハイドレートの中《なか》に穴《あな》を掘《ほ》ってすみ、メタンをエネルギーにする細菌《さいきん》を食《た》べていると考《かんが》えられている。近《ちか》い将来《しょうらい》、人間《にんげん》は彼《かれ》らの生活《せいかつ》をうばってしまうのだろうか。

COLUMN

豆知識《まめちしき》

ゴカイはつりのエサになる

ゴカイの仲間《なかま》は数千種類《すうせんしゅるい》もおり、その一部《いちぶ》は海《うみ》づりの定番《ていばん》のエサとなっている。ハゼやキスといった、小《ちい》さい魚《さかな》をねらうのに向《む》いているんだ。

QUIZ クイズ

Q.メタンアイスワームのすごい特技《とくぎ》は？

①食料《しょくりょう》がなくても生《い》きられる
②頭《あたま》がなくても生《い》きられる
③酸素《さんそ》がなくても生《い》きられる

こたえは次《つぎ》のページ

正面《しょうめん》からは見《み》ないで

ウチワフグ

生息深度｜せいそくしんど

0　500　1000　1500　2000　2500　3000 (m)

レア度《ど》★★★★★★

お腹《なか》を広《ひろ》げて
敵《てき》をおどろかせる

こたえ　③酸素《さんそ》がなくても生《い》きられる　酸素《さんそ》がない環境《かんきょう》で96時間《じかんい》生き続《つづ》けたという記録《きろく》がある。

せいぶつデータ

名前《なまえ》	ウチワフグ	種族《しゅぞく》	フグ目《もく》ウチワフグ科《か》
生息深度《せいそくしんど》	50～300m	生息地《せいそくち》	南日本沖《みなみにほんおき》、インド洋《よう》、西太平洋《にしたいへいよう》
体長《たいちょう》	約《やく》40cm	好物《こうぶつ》	不明《ふめい》

ウチワフグという名前《なまえ》の由来《ゆらい》は、お腹《なか》（腹膜《ふくまく》）がうちわのように広《ひろ》がることから。しかしウチワフグは、普段《ふだん》からこの姿《すがた》で泳《およ》いでいるわけではない。

ウチワフグがうちわを広《ひろ》げるのは、ピンチのときだ。一般的《いっぱんてき》なフグは体《からだ》を風船《ふうせん》のようにふくらませていかくをするが、ウチワフグはお腹《なか》のうちわを広《ひろ》げることで、自《じ》分《ぶん》の体《からだ》を大《おお》きく見《み》せる。こんな方法《ほうほう》で身《み》を守《まも》るフグは、今《いま》のところウチワフグしか見《み》つかっていない。

とてもレアな魚《さかな》だが、まれに定置《ていち》あみやつりなどで漁《ぎょ》獲《かく》されることもある。市場《しじょう》に出回《でまわ》ることはないが、ウチワフグの筋肉《きんにく》には毒《どく》がなく、沖縄《おきなわ》などでは食用《しょくよう》にされることもあるようだ。

COLUMN

豆知識《まめちしき》

深海《しんかい》に他《ほか》のフグはいる？

見《み》た目《め》はフグらしくないが、ベニカワムキは水深《すいしん》200m付近《ふきん》にすむフグ目《もく》の魚《さかな》だ。体長《たいちょう》10cmほどの赤《あか》い体《からだ》とおちょぼ口《ぐち》が特徴《とくちょう》で、ヨコエビなどをつかまえて食《た》べる。

QUIZ クイズ

Q.フグを漢字《かんじ》で書《か》くと？

①河豚　②河猿　③河犬

こたえは次《つぎ》のページ

大《だい》根《こん》がおろせそう

オロシザメ

生息深度 | せいそくしんど

0　500　1000　1500　2000　2500　3000 (m)

レア度《ど》 ★★★★★

あやうくタヌキになりかけたサメ

こたえ　①河豚　河《かわ》の豚《ぶた》とかいてフグと読《よ》む。ちなみに「海豚」はイルカ。

せいぶつデータ

名前《なまえ》	オロシザメ	種族《しゅぞく》	ツノザメ目《もく》オロシザメ科《か》
生息深度《せいそくしんど》	150〜300m	生息地《せいそくち》	相模湾《さがみわん》、駿河湾《するがわん》など
体長《たいちょう》	約《やく》60cm	好物《こうぶつ》	不明《ふめい》

「サメはだ」という言葉《ことば》があるように、サメの体《からだ》は基本《きほん》的《てき》にザラザラとしている。中《なか》でもオロシザメはウロコがあらく、体《からだ》の表面《ひょうめん》で大根《だいこん》がおろせそうだということから、オロシザメという名《な》がついた。

サメの仲間《なかま》は、姿《すがた》が似《に》ているものも多《おお》いが、このオロシザメは個性的《こせいてき》だ。横《よこ》から見《み》れば背中《せなか》がポッコリ盛《も》り上《あ》がり、正面《しょうめん》からは鼻《はな》の穴《あな》が大《おお》きく見《み》える。また他《ほか》のサメに比《くら》べ遊泳能力《ゆうえいのうりょく》も低《ひく》いとされている。

結局《けっきょく》はオロシザメという名前《なまえ》に落《お》ち着《つ》いたが、顔《かお》がタヌキのようにも見《み》えることから、「オロシタヌキ」なんて名前《なまえ》も候補《こうほ》に挙《あ》がっていたそうだ。サメの名前《なまえ》というよりは、もはや、おそば屋《や》さんのメニューである。

COLUMN

豆《まめ》知識《ちしき》

情報不足《じょうほうぶそく》のオロシザメ

発見例《はっけんれい》が少《すく》ないオロシザメは、生《せい》態《たい》がほとんどわかっていない。沼《ぬま》津港深海水族館《づこうしんかいすいぞくかん》で飼育《しいく》された個体《こたい》も絶食《ぜっしょく》したまま死《し》んでしまったため、何《なに》を食《た》べるかも不明《ふめい》なのだ。

QUIZ クイズ

Q. 実際《じっさい》におろし器《き》に使《つか》われているサメはどれ？

①カスザメ

②ノコギリザメ

③ジンベエザメ

こたえは次《つぎ》のページ

え？　何《なに》も食《た》べてませんけど？

アカチョウチンクラゲ

生息深度｜せいそくしんど

0	500	1000	1500	2000	2500	3000 (m)

レア度《ど》★★★★★★

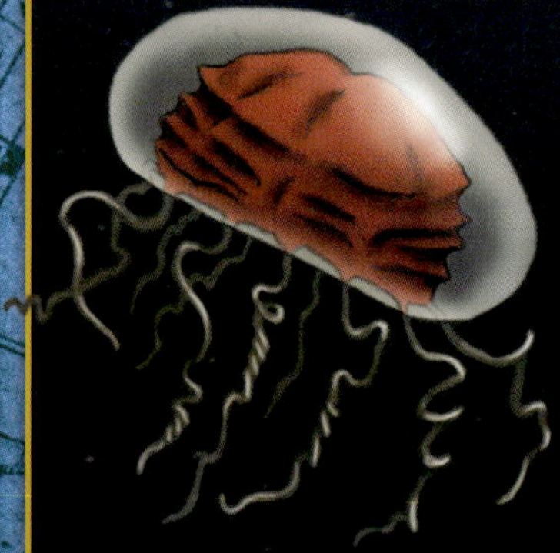

赤《あか》いかさで食《た》べた物《もの》をかくす

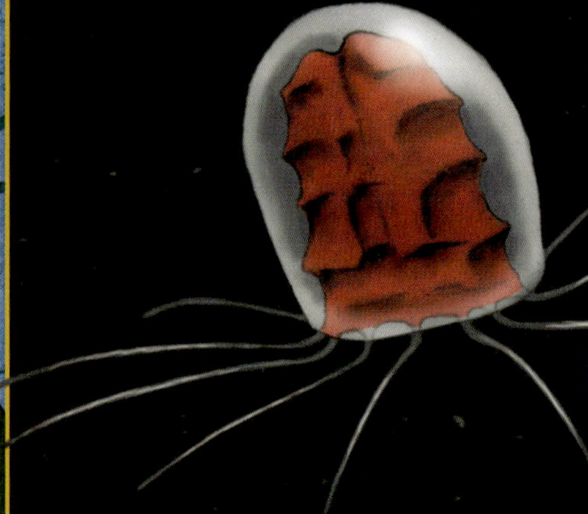

こたえ　①カスザメ　ザラザラのカスザメの皮《かわ》は、ワサビをおろす道具《どうぐ》に使《つか》われている。

せいぶつデータ

名前《なまえ》	アカチョウチンクラゲ	種族《しゅぞく》	花《はな》クラゲ目《もく》エボシクラゲ科《か》
生息深度《せいそくしんど》	450〜1000m	生息地《せいそくち》	太平洋《たいへいよう》、大西洋《たいせいよう》、南極海《なんきょくかい》
体長《たいちょう》	約《やく》18cm（かさ）	好物《こうぶつ》	プランクトン

アカチョウチンクラゲの好物《こうぶつ》は、プランクトンや小型《こがた》の魚《さかな》。しかしこのスケスケの体《からだ》では、発光《はっこう》するエモノを食《た》べると敵《てき》に見《み》つかってしまう。そこで役《やく》に立《た》つのが、体《からだ》の中《なか》にある赤《あか》いかさだ。21ページでも説明《せつめい》したように、深海《しんかい》では赤色《あかいろ》は黒《くろ》に見《み》え、ほとんど目立《めだ》たない。そこでアカチョウチンクラゲは、食《た》べたものをこの赤《あか》いかさの中《なか》にかくしてしまうのだ。

また興味深《きょうみぶか》いことに、アカチョウチンクラゲの体《からだ》にヨコエビやウミグモなど小《ちい》さな生物《せいぶつ》がくっつき、すみかとしていることがある。お父《とう》さんたちが居酒屋《いざかや》の赤《あか》ちょうちんに引《ひ》きよせられるように、深海《しんかい》のアカチョウチンも大人気《だいにんき》なのだ。

COLUMN

アカチョウチンクラゲに似《に》たクラゲ

豆知識《まめちしき》

水深《すいしん》400〜700mあたりにすむクロカムリクラゲも、半《はん》とうめいな体《からだ》の中《なか》に赤黒《あかぐろ》いかさを持《も》ち、エモノの光《ひかり》をかくす。タケノコのような、何《なん》とも不思議《ふしぎ》なクラゲだ。

QUIZ クイズ

Q.アカチョウチンクラゲとちょうちんの共通点《きょうつうてん》は？

①のびちぢみする　②光《ひか》る
③色《いろ》んな色《いろ》がある

こたえは次《つぎ》のページ

何度《なんど》も枝分《えだわ》かれしたうで

テヅルモヅル科《か》の仲間《なかま》

生息深度｜せいそくしんど

0　500　1000　1500　2000　2500　3000 (m)

レア度《ど》 ★★★★★

うでを広《ひろ》げて
エモノをキャッチ

不《ぶ》気《き》味《み》度《ど》
大
中
小

こたえ ①のびちぢみする　アカチョウチンクラゲは体《からだ》をのびちぢみさせて泳《およ》ぐ。

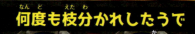

せいぶつデータ

名前《なまえ》	テヅルモヅル科《か》の仲間《なかま》
種族《しゅぞく》	ツルモクヒトデ目《もく》テヅルモヅル科《か》の仲間《なかま》
生息深度《せいそくしんど》	500m
生息地《せいそくち》	南極海《なんきょくかい》、日本近海《にほんきんかい》
体長《たいちょう》	不明《ふめい》
好物《こうぶつ》	動物《どうぶつ》プランクトン

一見《いっけん》サンゴのようにも見《み》えるが、テヅルモヅルはクモヒトデの仲間《なかま》だ。とても複雑《ふくざつ》に枝分《えだわ》かれしているものの、よくよく見《み》てみると、一般的《いっぱんてき》なクモヒトデと同《おな》じ５本《ほん》うでであることがわかる。

そしてこのうでは、それぞれ好《す》きな方向《ほうこう》にニョロニョロと動《うご》かすことが可能《かのう》だ。このうでを使《つか》って潮《しお》の流《なが》れが速《はや》い岩《いわ》やサンゴの上《うえ》に移動《いどう》すると、今度《こんど》はガバッとうでを広《ひろ》げ、流《なが》れてくるプランクトンなどをつかまえる。そしてつかまえたエモノは、中央部分《ちゅうおうぶぶん》の腹側《はらがわ》にある口《くち》まで運《はこ》ばれるのだ。

これだけ広《ひろ》がったうでが相手《あいて》では、プランクトンたちも簡単《かんたん》には逃《のが》れることができないだろう。

COLUMN

豆知識《まめちしき》

クモヒトデってどんな動物《どうぶつ》？

クモヒトデは、ヒトデと近《ちか》い関係《かんけい》にあるきょくひ動物《どうぶつ》だ。基本的《きほんてき》に５本《ほん》の細長《ほそなが》いうでを持《も》ち、このうでをヘビのようにしならせて移動《いどう》する。

QUIZ クイズ

Q.テヅルモヅルを漢字《かんじ》で書《か》くと？

①手蔓藻蔓

②手釣藻釣

③手弦藻弦

こたえは次《つぎ》のページ

深海《しんかい》の巨大《きょだい》イカ

ダイオウイカ

生息深度｜せいそくしんど

0 500 1000 1500 2000 2500 3000 (m)

レア度《ど》★★★★★

200m～1000m
1001m～1500m
1501m～3000m
3001m～

天《てん》敵《てき》はマッコウクジラ

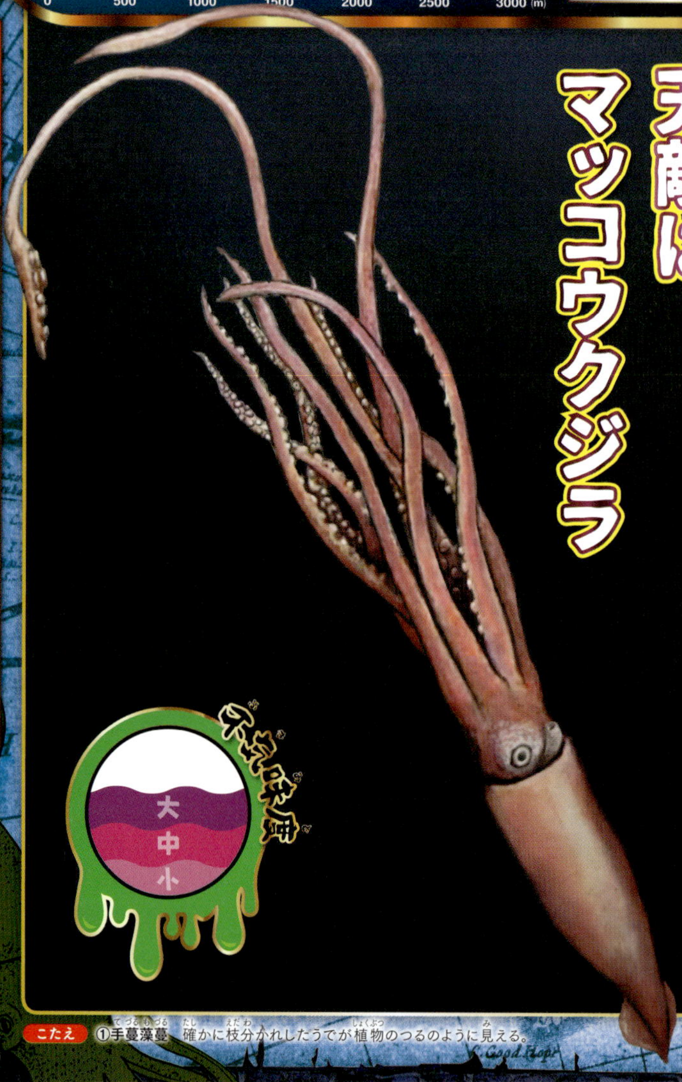

こたえ ①手蔓藻蔓《てづるもづる》 確《たし》かに枝分《えだわ》かれしたうでが植物《しょくぶつ》のつるのように見《み》える。

せいぶつデータ

- 名前《なまえ》　ダイオウイカ
- 種族《しゅぞく》　ツツイカ目《もく》ダイオウイカ科《か》
- 生息深度《せいそくしんど》　数百《すうひゃく》～1000m
- 生息地《せいそくち》　太平洋《たいへいよう》、インド洋《よう》、大西洋《たいせいよう》
- 体長《たいちょう》　最大《さいだい》18m
- 好物《こうぶつ》　イカ類《るい》、魚類《ぎょるい》

ダイオウイカは、大王《だいおう》の名《な》にふさわしい世界最大級《せかいさいだいきゅう》のイカだ。全長《ぜんちょう》は、最大《さいだい》なんと18mの記録《きろく》もある。目《め》だけでも直径《ちょっけい》30cmになり、これはバスケットボールよりも一回《ひとまわ》り大《おお》きい。

これだけの巨体《きょたい》となると深海《しんかい》ではほぼ無敵《むてき》だが、唯一《ゆいいつ》、このダイオウイカを積極的《せっきょくてき》におそう生《い》き物《もの》がいる。こちらも巨大生物《きょだいせいぶつ》であるマッコウクジラだ。イカ類《るい》が大好物《だいこうぶつ》なマッコウクジラにとって、ダイオウイカは食《た》べごたえのある格好《かっこう》のエモノなのだ。

今日《きょう》もどこかの海《うみ》の底《そこ》で、大迫力《だいはくりょく》のバトルがくり広《ひろ》げられていることだろう。ちなみにこのダイオウイカ、人《にん》間《げん》が食《た》べてもまったくおいしくないそうだ。

COLUMN

豆知識《まめちしき》

「クラーケン」のモデルになったダイオウイカ

ヨーロッパに伝《つた》わるかいぶつ「クラーケン」は、ダイオウイカがモデルになったと言《い》われている。映《えい》画《が》『パイレーツ・オブ・カリビアン』シリーズにも登場《とうじょう》した。

QUIZ

クイズ

Q.ダイオウイカの特技《とくぎ》は？

①体《からだ》をふくらませる
②体《からだ》の色《いろ》を変《か》える
③体《からだ》から光《ひかり》を発《はっ》する

こたえは次《つぎ》のページ

まるで南国《なんごく》の工芸品《こうけいひん》

クマサカガイ

生息深度｜せいそくしんど
0 500 1000 1500 2000 2500 3000 (m)

レア度《ど》★★★★★

貝《かい》に貝《かい》をくっつける

こたえ ②体《からだ》の色《いろ》を変《か》える ダイオウイカは、体《からだ》を白《しろ》や銀色《ぎんいろ》、金色《きんいろ》に変《か》えて泳《およ》いでいる。

せいぶつデータ

名前《なまえ》	クマサカガイ	種族《しゅぞく》	新生腹足上目《しんせいふくそくじょうもく》クマサカガイ科《か》
生息深度《せいそくしんど》	50〜200m	生息地《せいそくち》	西太平洋《にしたいへいよう》、インド洋《よう》
体長《たいちょう》	約《やく》8m(から)	好物《こうぶつ》	プランクトン

クマサカガイは、深海《しんかい》の入《い》り口付近《ぐちふきん》に生息《せいそく》する巻貝《まきがい》の一種《いっしゅ》だ。イラストを見《み》てわかる通《とお》り、貝《かい》がらが派手《はで》にデコられているが、これはクマサカガイが自分自身《じぶんじしん》でくっつけたものなんだ。

クマサカガイは、長《なが》い口先《くちさき》を器用《きよう》に動《うご》かして周辺《しゅうへん》の小石《こいし》、他《ほか》の貝《かい》がら、サンゴなどを集《あつ》め、せっせとからをかざり立《た》てる。クマサカガイの貝《かい》がらはうすいため、こうすることで貝《かい》がらを強化《きょうか》しているのだろう。

そして個体《こたい》によっては、小石専門《こいしせんもん》、二枚貝専門《にまいがいせんもん》といったように、こだわりを持《も》つものもいるようだ。もしかしたら彼《かれ》らは、ひっそりとオシャレを楽《たの》しんでいるだけなのかもしれない。

COLUMN

豆知識《まめちしき》

深海《しんかい》にすむ巻貝《まきがい》の工夫《くふう》

アルビンガイという巻貝《まきがい》は、化学《かがく》合成《ごうせい》によってエネルギーを得《え》る細菌《さいきん》を、エラの中《なか》に共生《きょうせい》させている。この細菌《さいきん》から栄養《えいよう》をもらって生《い》きているんだ。

QUIZ クイズ

Q.クマサカガイの名前《なまえ》の由来《ゆらい》となったのは?

①とうぞく　②スパイ
③さぎ師《し》

こたえは次《つぎ》のページ

200m～1000m

1001m～1500m

1501m～3000m

3001m～

無数《むすう》のトゲで身《み》を守《まも》る

イガグリガニ

生息深度｜せいそくしんど

0　500　1000　1500　2000　2500　3000 (m)

レア度《ど》★★☆☆☆

おどろきのディフェンス力《りょく》

不《ぶ》気《き》味《み》度《ど》

中

小

こたえ　①とうぞく　平安時代《へいあんじだい》の伝説上《でんせつじょう》のとうぞく、熊坂長藩《くまさかちょうはん》に由来《ゆらい》。背中《せなか》に盗品《とうひん》を背負《せお》っていた姿《すがた》に似《に》ていることから。

せいぶつデータ

名前《なまえ》	イガグリガニ
種族《しゅぞく》	十脚目《じっきゃくもく》タラバガニ科《か》
生息深度《せいそくしんど》	150～600m
生息地《せいそくち》	東京湾《とうきょうわん》～土佐湾《とさわん》、ニュージーランド近海《きんかい》
体長《たいちょう》	約《やく》13cm（こうら）
好物《こうぶつ》	貝類《かいるい》、ゴカイ類《るい》など

童話《どうわ》『さるかに合戦《がっせん》』にはカニとくりが登場《とうじょう》するが、実話《じつわ》の世界《せかい》である深海《しんかい》には、その二役《ふたやく》を一《いっ》ぴきでこなせる生物《せいぶつ》がいる。まるでイガグリのようなトゲトゲこうらを持《も》つ、イガグリガニだ。

イガグリガニは、こうらからあしまでビッシリとトゲにおおわれている。大人《おとな》のイガグリガニのトゲの長《なが》さは１～1.5cmほどだが、子《こ》どものときはもっとトゲが長《なが》く、成長《せいちょう》とともに短《みじか》くなっていく。イガグリガニは、この無《む》数《すう》のトゲにより、自分《じぶん》の身《み》を守《まも》っているのだ。

ちなみにこのイガグリガニは、オスメス一緒《いっしょ》に水《みず》あげされることが多《おお》く「夫婦《めおと》ガニ」ともよばれている。見《み》た目《め》はトゲトゲだが、夫婦生活《ふうふせいかつ》は円満《えんまん》にいっているようだ。

COLUMN

豆知識《まめちしき》

イガグリガニはカニじゃない？

イガグリガニはタラバガニの仲間《なかま》。カニの仲間《なかま》はほ脚《きゃく》が10本《ぽん》あるが、イガグリガニの一番後《いちばんうし》ろのあしはこうらの中《なか》にかくれているため、8本《ほん》しかないように見《み》える。

QUIZ クイズ

Q. この中《なか》で実在《じつざい》する生物《せいぶつ》は？

①ウニガニ

②イバラガニ

③ハリヤマガニ

こたえは次《つぎ》のページ

人魚《にんぎょ》のモデルになった？

リュウグウノツカイ

生息深度｜せいそくしんど

0 500 1000 1500 2000 2500 3000 (m)

レア度《ど》★★★★★

200m～1000m

1001m～1500m

1501m～3000m

3001m～

得《と》意《く》技《わざ》は立《た》ち泳《およ》ぎ

こたえ ②イバラガニ　イガグリガニ同様《どうよう》、トゲトゲの体《からだ》を持《も》っている。

せいぶつデータ

名前《なまえ》	リュウグウノツカイ	種族《しゅぞく》	アカマンボウ目《もく》リュウグウノツカイ科《か》
生息深度《せいそくしんど》	200～1000m	生息地《せいそくち》	世界各地《せかいかくち》
体長《たいちょう》	約《やく》2～11m	好物《こうぶつ》	エビ類《るい》、イカ類《るい》、魚類《ぎょるい》

アブラボウズだの、カスザメだの、アバチャンだの「ん？」となる名《な》の深海生物《しんかいせいぶつ》も多《おお》い中《なか》、神秘的《しんぴてき》な和名《わめい》がつけられたリュウグウノツカイ。漢字《かんじ》では「竜宮《りゅうぐう》のつかい」となり、竜宮《りゅうぐう》はご存《ぞん》じ、浦島太郎《うらしまたろう》が行《い》ったあの場所《ばしょ》のことだ。

リュウグウノツカイは、まるで帯《おび》のように細長《ほそなが》く平《たい》らな生物《せいぶつ》だ。背《せ》ビレはあざやかな赤色《あかいろ》だが、死後《しご》はこの色《いろ》がなくなってしまう。アゴの下《した》に長《なが》くのびた腹《はら》ビレには感覚器《かんかくき》がついており、これを使《つか》ってエモノを探《さが》す。

そしてこのリュウグウノツカイは、日本《にほん》の人魚伝説《にんぎょでんせつ》のモデルになったとも言《い》われている。昔《むかし》の人《ひと》は、大《おお》きな頭《あたま》のヒレをかみの毛《け》と見《み》まちがえたのだろうか？

COLUMN 豆知識《まめちしき》

アカナマダはリュウグウノツカイにソックリ？

アカナマダは、リュウグウノツカイによく似《に》た深海魚《しんかいぎょ》だ。リュウグウノツカイよりも体長《たいちょう》が短《みじか》いため、リュウグウノツカイの子《こ》どもとかんちがいされることも多《おお》い。

QUIZ クイズ

Q.これまでに見《み》つかった最大《さいだい》のリュウグウノツカイは何《なん》m？

①7m　②9m　③11m

こたえは次《つぎ》のページ

お腹《なか》いっぱい食《た》べたいな

オニボウズギス

生息深度 | せいそくしんど

0 500 1000 1500 2000 2500 3000 (m)

レア度《ど》 ★★★☆☆

200m〜1000m

1001m〜1500m

1501m〜3000m

3001m〜

自《じ》分《ぶん》より大《おお》きなエモノもペロリ

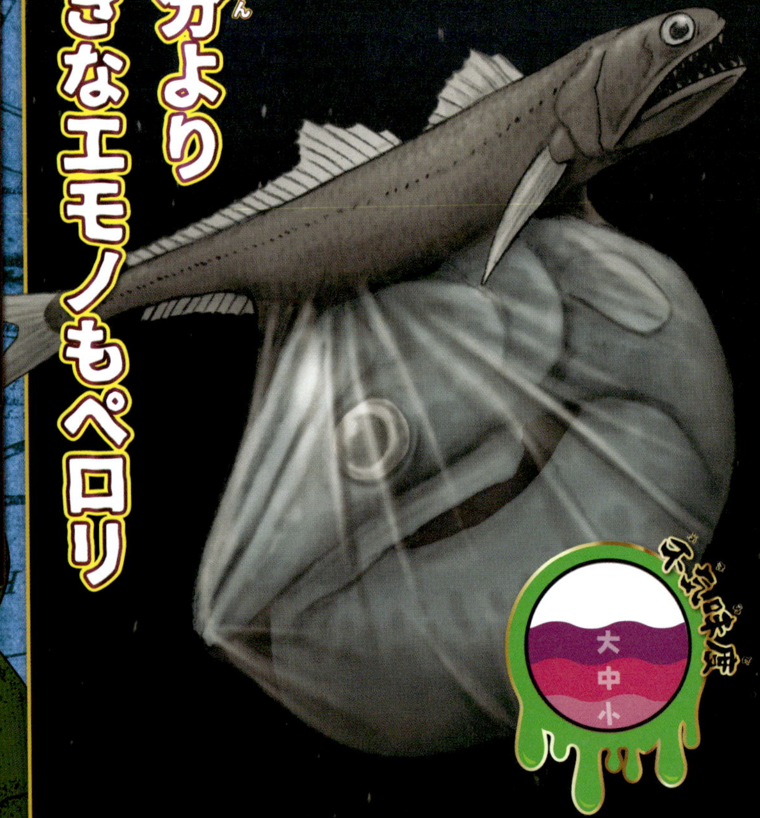

こたえ ③11m 最大《さいだい》で11m、272kgのリュウグウノツカイが見《み》つかっている。

せいぶつデータ

名前《なまえ》	オニボウズギス	種族《しゅぞく》	スズキ目《もく》クロボウズギス科《か》
生息深度《せいそくしんど》	数百《すうひゃく》～1000m	生息地《せいそくち》	世界各地《せかいかくち》
体長《たいちょう》	約《やく》10～30cm	好物《こうぶつ》	魚類《ぎょるい》

陸《りく》の生物《せいぶつ》であるニシキヘビは、自分《じぶん》より大《おお》きいエモノでも丸《まる》のみにしてしまう。テレビなどで、お腹《なか》がパンパンにふくれた彼《かれ》らの姿《すがた》を見《み》たことはないだろうか？

深海《しんかい》にも、大物《おおもの》食《ぐ》いのオニボウズギスという生物《せいぶつ》がいる。オニボウズギスは丈夫《じょうぶ》でよくのびる胃《い》を持《も》ち、大《おお》きなエモノでもその中《なか》におさめることができるのだ。時《とき》には、食《た》べすぎでお腹《なか》がのびきり、中《なか》のエモノがすけて見《み》えることもあるほどだ。

食料《しょくりょう》の少《すく》ない深海《しんかい》では、次《つぎ》にいつ食事《しょくじ》をとれるかわからない。オニボウズギスは無理矢理《むりやり》にでも胃《い》の中《なか》に食料《しょくりょう》をつめ込《こ》み、しばらくエモノにありつけなくても生《い》きのびられるようにしているんだ。

COLUMN

豆知識《まめちしき》

エモノを丸《まる》のみする深海魚《しんかいぎょ》

ヘビトカゲギスも、エモノを丸《まる》のみする生物《せいぶつ》だ。普段《ふだん》はものさしのようにスラリとした体《からだ》をしているが、食事《しょくじ》が終《お》わったあとは大《おお》きくお腹《なか》がふくれ上《あ》がる。

QUIZ クイズ

Q.オニボウズギスの歯《は》の特徴《とくちょう》は？

①内側《うちがわ》を向《む》いている
②歯《は》が丸《まる》い
③1本《ほん》しかない

こたえは次《つぎ》のページ

ヒモのように細《ほそ》長《なが》い

シギウナギ

生息深度｜せいそくしんど

0　500　1000　1500　2000　2500　3000 (m)

レア度《ど》 ★★★★★

長《なが》いクチバシでエビをキャッチ

こたえ ①内側《うちがわ》を向《む》いている　大《おお》きく開《ひら》く口《くち》の中《なか》には内側《うちがわ》を向《む》いた歯《は》があり、かみつかれると逃《に》げられない。

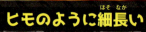

せいぶつデータ

名前《なまえ》	シギウナギ
種族《しゅぞく》	ウナギ目《もく》シギウナギ科《か》
生息深度《せいそくしんど》	300〜1000m
生息地《せいそくち》	世界各地《せかいかくち》
体長《たいちょう》	約《やく》1.4m
好物《こうぶつ》	エビ類《るい》

シギウナギは、ヒモのように体《からだ》が細長《ほそなが》い生物《せいぶつ》。体《からだ》は尾《お》に向《む》けてさらにスリムになっていき、終点《しゅうてん》では糸《いと》ほどに細《ほそ》くなる。

そして、鳥《とり》のクチバシのように長《なが》くのびた口《くち》も、シギウナギの大《おお》きな特徴《とくちょう》だ。「すごくジャマそう」「だからそんなにやせちゃったの？」と思《おも》いたくなるが、この口《くち》の中《なか》には細《こま》かい歯《は》がびっしりと生《は》えており、好物《こうぶつ》であるエビの触角《しょっかく》を引《ひ》っかけるのにピッタリなのだ。

ちなみにシギウナギの肛門《こうもん》は、胸《むな》ビレのすぐ下《した》にある。「ひものように体《からだ》が細長《ほそなが》い」とは言《い》ったが、実《じつ》はそのほとんどが尾《お》っぽなのだ。なんでこんな体《からだ》になってしまったのか、なぞは深《ふか》まるばかりだ。

COLUMN

豆知識《まめちしき》

シギウナギはウナギの仲間《なかま》

ウナギ目《もく》であるシギウナギは、日本《にほん》でよく食《た》べられているニホンウナギの仲間《なかま》だ。ニホンウナギは川《かわ》や浅《あさ》い海《うみ》で育《そだ》つが、産卵《さんらん》はグアム島付近《とうふきん》の深海《しんかい》で行《おこな》われる。

QUIZ《クイズ》

Q.シギウナギの「シギ」とは何《なん》のこと？

①植物《しょくぶつ》の名前《なまえ》
②道具《どうぐ》の名前《なまえ》
③鳥《とり》の名前《なまえ》

こたえは次《つぎ》のページ

KEEP OUT KEEP OUT

みんな一緒《いっしょ》にあっちむいてホイ

オオグチボヤ

生息深度｜せいそくしんど

0　500　1000　1500　2000　2500　3000 (m)

レア度《ど》 ★★★★★

200m〜1000m

1001m〜1500m

1501m〜3000m

3001m〜

口《くち》を広《ひろ》げてエモノを待《ま》つ

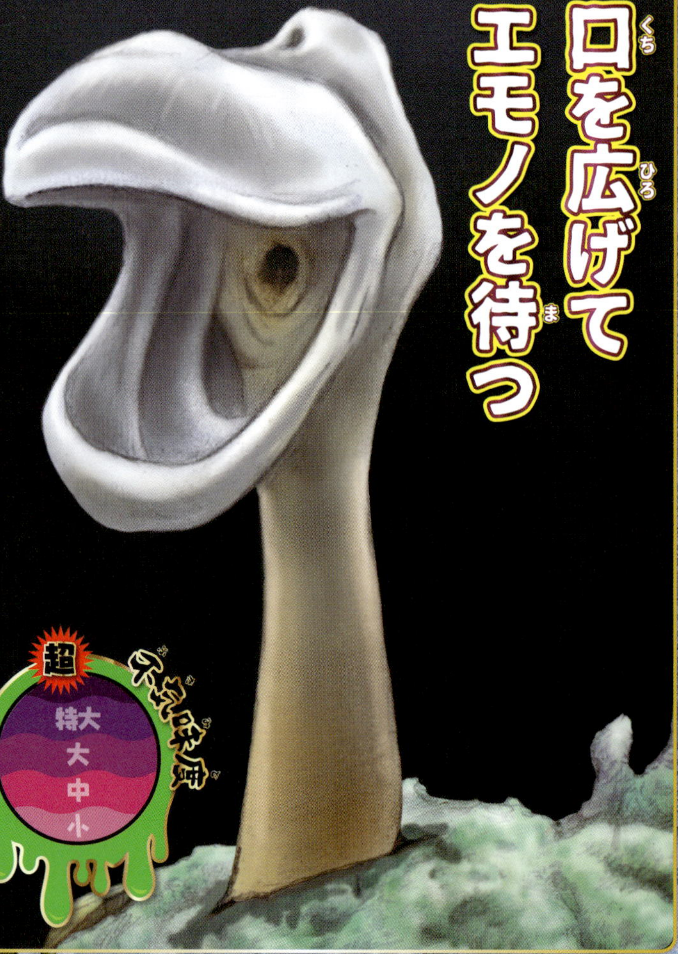

超不気味度

特大
大
中
小

こたえ ③鳥《とり》の名前《なまえ》　シギは、細長《ほそなが》いクチバシを持《も》つチドリ目《もく》シギ科《か》の鳥《とり》。

せいぶつデータ

名前《なまえ》	オオグチボヤ	種族《しゅぞく》	マメボヤ目《もく》オオグチボヤ科《か》
生息深度《せいそくしんど》	300～1000m	生息地《せいそくち》	日本海沿岸《にほんかいえんがん》、太平洋《たいへいよう》など
体長《たいちょう》	約《やく》25cm	好物《こうぶつ》	小型《こがた》プランクトン

海底《かいてい》からニョキっと生《は》えた大《おお》きな口《くち》。きみょうな生《い》き物《もの》が多《おお》い深海《しんかい》の中《なか》でも、このオオグチボヤの見《み》た目《め》は飛《と》び切《き》り不思議《ふしぎ》だ。笑《わら》っているようにも、歌《うた》っているようにも見《み》える。

オオグチボヤは、大《おお》きな口《くち》（入水《にゅうすい》こう）を開《あ》け、プランクトンなどが入《はい》ってくるのを待《ま》つ。そしてエモノが入《はい》ると口《くち》を閉《と》じ、丸《まる》のみにしてしまうのだ。ホヤの中《なか》ではめずらしい肉食《にくしょく》で、流《なが》れてくればエビだって食《た》べてしまう。

2000年《ねん》に富山湾《とやまわん》で調査《ちょうさ》をしたところ、世界《せかい》で初《はじ》めてオオグチボヤの巨大《きょだい》な群《む》れが見《み》つかった。オオグチボヤたちは、みんなそろってエモノが流《なが》れてくる方向《ほうこう》を向《む》き、大《おお》きな口《くち》を開《あ》けていたそうだ。

COLUMN

豆知識《まめちしき》

お酒《さけ》のおつまみにもなるマボヤ

ホヤの仲間《なかま》としては、食用《しょくよう》にもなるマボヤが有名《ゆうめい》だ。見《み》た目《め》は南国《なんごく》のフルーツのようで、そのお刺身《さしみ》は日本酒《にほんしゅ》によく合《あ》うと言《い》われているんだ。

QUIZ《クイズ》

Q.オオグチボヤの英名《えいめい》「Predatory tunicate」はどんな意味《いみ》？

①ほ食《しょく》するホヤ
②大食《おおぐ》いのホヤ
③笑《わら》うホヤ

こたえは次《つぎ》のページ

KEEP OUT KEEP OUT

KEEP OUT

クラゲのようにとうめいな体《かたら》を持《も》つタコ

クラゲダコ

生息深度｜せいそくしんど

0　500　1000　1500　2000　2500　3000 (m)

レア度《ど》 ★★★★★

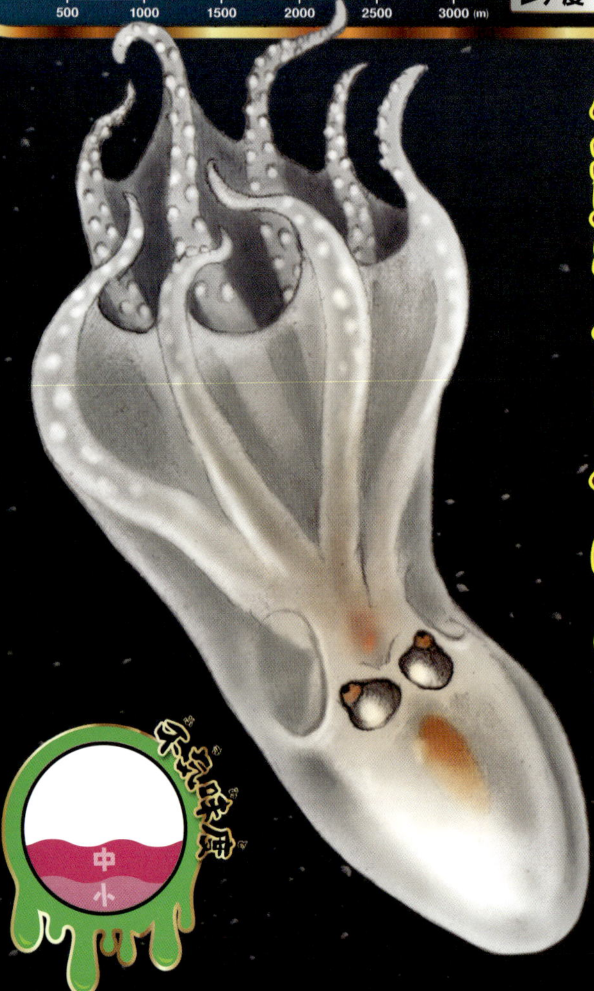

生態《せいたい》もクラゲのよう

こたえ　①ほ食《しょく》するホヤ　「predatory」はほ食《しょく》する、「tunicate」はホヤという意味《いみ》。

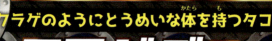

せいぶつデータ

名前《なまえ》	クラゲダコ	種族《しゅぞく》	タコ目《もく》クラゲダコ科《か》
生息深度《せいそくしんど》	500〜1000m	生息地《せいそくち》	太平洋《たいへいよう》
体長《たいちょう》	約《やく》20cm	好物《こうぶつ》	エビ類《るい》、カニ類《るい》

　タコのようなクラゲ？　クラゲのようなタコ？　どちらにも見《み》えるが、正解《せいかい》は後者《こうしゃ》。クラゲダコは、ゼリー状《じょう》のとうめいな体《からだ》を持《も》つめずらしいタコで、よく見《み》るとちゃんとあしも８本《ほん》ある。目《め》が目立《めだ》つのはクラゲとの大《おお》きなちがいだが、この赤《あか》い目《め》はつつ状《じょう》で背側《せがわ》を向《む》いており、広《ひろ》い範囲《はんい》を見《み》わたすことができる。

　そしてクラゲダコは、見《み》た目《め》だけでなく動作《どうさ》もクラゲに似《に》ている。エネルギーを節約《せつやく》するため、あしを上《うえ》に向《む》け、クラゲのように海中《かいちゅう》をただようのだ。

　さらにややこしいことに、海《うみ》の中《なか》にはタコのようなクラゲ「タコクラゲ」もいる。もうどっちでもいいような気《き》もしてくるが、ちゃんとおぼえてあげよう。

COLUMN

豆知識《まめちしき》

タコクラゲはどんな生物《せいぶつ》？

タコクラゲは、タコのように８本《ほん》のうで（口《こう》わん）を持《も》つクラゲだ。クラゲダコと名前《なまえ》が似《に》ているが、見《み》た目《め》は全然《ぜんぜん》似《に》ていない。深海《しんかい》ではなく浅《あさ》い海《うみ》にすんでいる。

QUIZ クイズ

Q.この中《なか》で実在《じつざい》する生物《せいぶつ》はどれ？

①タコクモヒトデ
②タヌキクラゲ
③キツネガニ

こたえは次《つぎ》のページ

17年《ねん》ぶりに水《みず》あげされたレア深海魚《しんかいぎょ》

ベンテンウオ

生息深度｜せいそくしんど
0 500 1000 1500 2000 2500 3000 (m)

レア度《ど》★★★★★

自《じ》まんのヒレは折《お》りたたみ式《しき》

こたえ ①タコクモヒトデ　タコのようなうでを持《も》つクモヒトデの仲間《なかま》。

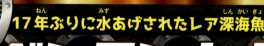

せいぶつデータ

名前《なまえ》	ベンテンウオ	種族《しゅぞく》	スズキ目《もく》シマガツオ科《か》
生息深度《せいそくしんど》	0～200m	生息地《せいそくち》	北太平洋《きたたいへいよう》など
体長《たいちょう》	約《やく》40cm	好物《こうぶつ》	不明《ふめい》

　2014年《ねん》、富山湾《とやまわん》でベンテンウオが生《い》きたまま水《みず》あげされ、大《おお》きな話題《わだい》となった。ベンテンウオは全国的《ぜんこくてき》に発見例《はっけんれい》が少《すく》ないレアな深海魚《しんかいぎょ》で、日本《にほん》で水《みず》あげされたのは実《じつ》に17年《ねん》ぶりのこと。その姿《すがた》は、テレビでも放送《ほうそう》された。ごらんの通《とお》りベンテンウオは、思《おも》わず「その方向《ほうこう》でいいの？」と聞《き》きたくなる大《おお》きな背《せ》ビレと胸《むな》ビレを持《も》っている。ヒレを広《ひろ》げて体《からだ》をたてに大《おお》きく見《み》せ、身《み》を守《まも》っているのだ。

　しかしこのヒレは、大《おお》きすぎて泳《およ》ぎのジャマになってしまう。そのためベンテンウオは、普段《ふだん》はヒレを閉《と》じ、特徴《とくちょう》のない姿《すがた》で生活《せいかつ》をしている。背中《せなか》とお腹《なか》にはみぞがあり、そこにヒレをしまうことができるのだ。

COLUMN

豆知識《まめちしき》

背《せ》ビレと尻《しり》ビレが発達《はったつ》したリュウグウノヒメ

リュウグウノヒメという魚《さかな》も、背《せ》ビレと尻《しり》ビレが発達《はったつ》している。ベンテンウオほどは広《ひろ》がらないが、このヒレを使《つか》って体《からだ》を大《おお》きく見《み》せるのだ。

QUIZ《クイズ》

Q.ベンテンウオの「ベンテン」とは何《なん》のこと？

①発見者《はっけんしゃ》の名前《なまえ》
②七福神《しちふくじん》の弁天様《べんてんさま》
③徳島県《とくしまけん》にある弁天市《べんてんし》

こたえは次《つぎ》のページ

なが〜〜〜いクラゲ

マヨイアイオイクラゲ

生息深度｜せいそくしんど

0 500 1000 1500 2000 2500 3000 (m)

レア度《ど》 ★★★☆☆

40mをこえる世界《せかい》最長《さいちょう》の動物《どうぶつ》

200m〜1000m
1001m〜1500m
1501m〜3000m
3001m〜

こたえ ②七福神《しちふくじん》の弁天様《べんてんさま》 ホテイウオなど、名前《なまえ》が七福神《しちふくじん》に由来《ゆらい》する深海魚《しんかいぎょ》は多《おお》い。

せいぶつデータ

名前《なまえ》　マヨイアイオイクラゲ
種族《しゅぞく》　クダクラゲ目《もく》アイオイクラゲ科《か》
生息深度《せいそくしんど》　表層《ひょうそう》～1000m
生息地《せいそくち》　太平洋《たいへいよう》、大西洋《たいせいよう》、インド洋《よう》など
体長《たいちょう》　約《やく》40m
好物《こうぶつ》　プランクトン

深海《しんかい》には、とんでもなく体《からだ》が長《なが》いクラゲが存在《そんざい》する。世界最長《せかいさいちょう》の動物《どうぶつ》と言《い》われる、マヨイアイオイクラゲだ。マヨイアイオイクラゲの全長《ぜんちょう》は40m以上《いじょう》にもなり、これには世界最大《せかいさいだい》の動物《どうぶつ》であるシロナガスクジラ（最大約《さいだいやく》34m）もかなわない。

クラゲと聞《き》くと海《うみ》をただようイメージがあるが、マヨイアイオイクラゲは、なんと泳《およ》ぎが得意《とくい》。泳鐘《えいしょう》とよばれる2つのかたまりをとても速《はや》く振動《しんどう》させることで、前進《ぜんしん》する力《ちから》を作《つく》りだし、泳《およ》ぐことができるのだ。

お腹《なか》が空《す》くと、グリーンの光《ひかり》を発《はっ》して、好物《こうぶつ》のプランクトンをおびきよせて、長《なが》くとうめいな触手《しょくしゅ》で、つかまえ、ほ食《しょく》しているといると考《かんが》えれられている。

COLUMN

豆知識《まめちしき》

クダクラゲが作《つく》る「群体《ぐんたい》」って何《なに》？

クダクラゲの仲間《なかま》は、群体《ぐんたい》を作《つく》るのが特徴《とくちょう》。１つの受精卵《じゅせいらん》から食《た》べる、泳《およ》ぐ、攻撃《こうげき》するなど異《こと》なる機《き》能《のう》を持《も》つ個体《こたい》が生《う》まれ、それが集《あつ》まって１つの生物《せいぶつ》となるんだ。

QUIZ クイズ

Q. 次《つぎ》のうち世界最大《せかいさいだい》と言《い》われる魚《さかな》はどれ？
①ジンベイザメ
②マンボウ
③ピラルク

こたえは次《つぎ》のページ

一生《いっしょう》をかけたプロポーズ

ビワアンコウ

生息深度 | せいそくしんど

0 500 1000 1500 2000 2500 3000 (m)

レア度《ど》 ★★★☆☆

メスにかみつき
一《いっ》体《たい》化《か》!?

不気味度
超
特大
大
中
小

こたえ ①ジンベイザメ　魚《さかな》の中《なか》では最大《さいだい》13mほどになるジンベイザメが最《もっと》も大《おお》きい。

せいぶつデータ

名前《なまえ》	ビワアンコウ	種族《しゅぞく》	アンコウ目《もく》ミツクリエナガチョウチンアンコウ科《か》
生息深度《せいそくしんど》	200〜700m	生息地《せいそくち》	世界各地《せかいかくち》
体長《たいちょう》	約《やく》120cm（メス）	好物《こうぶつ》	不明《ふめい》

ビワアンコウのメスは120cmほどに成長《せいちょう》するが、オスはわずか10cmほどにしかならない。ではこのオスとメスは、どうやって子孫《しそん》を残《のこ》すのだろう。

ビワアンコウのオスは、メスを見《み》つけると突然《とつぜん》お腹《なか》のあたりにかみつく。人間《にんげん》の世界《せかい》だったらすぐに警察《けいさつ》行《い》きだが、これがビワアンコウのプロポーズなのだ。

そしてなんと、オスはそのままメスと融合《ゆうごう》し一体化《いったいか》してしまう。脳《のう》は退化《たいか》し、内臓《ないぞう》もなくなり、残《のこ》るのは生殖《せいしょく》の機能《きのう》だけ。メスからサインが来《き》たらオスは精子《せいし》を出《だ》し、役割《やくわり》は終《お》わりだ。深海《しんかい》は、オスとメスがめったに出会《であ》えない暗黒《あんこく》の世界《せかい》。数少《かずすく》ないチャンスを逃《のが》さないよう、ビワアンコウのオスは命《いのち》がけで子孫《しそん》を残《のこ》そうとするのだ。

COLUMN

豆知識《まめちしき》

メスと一体化《いったいか》する ミツクリエナガチョウチンアンコウ

ミツクリエナガチョウチンアンコウのオスも、ビワアンコウのオスと同《おな》じような一生《いっしょう》を過《す》ごす。彼《かれ》らのようにメスより極端《きょくたん》に小《ち》さいオスのことを「矮雄《わいゆう》」とよぶ。

QUIZ クイズ

Q.ビワアンコウの「ビワ」の由来《ゆらい》は？
①楽器《がっき》 ②果物《くだもの》 ③湖《みずうみ》

こたえは次《つぎ》のページ

魚《さかな》なのに泳《およ》ぐのが苦手《にがて》

ナガヅエエソ

生息深度 ｜ せいそくしんど

0　500　1000　1500　2000　2500　3000 (m)

レア度《ど》 ★★★☆☆

腹《はら》ビレと尾《お》ビレで海底《かいてい》に立《た》つ

200m〜1000m
1001m〜1500m
1501m〜3000m
3001m〜

こたえ ①楽器《がっき》 楽器《がっき》の琵琶《びわ》に似《に》ていることから。ちなみに果物《くだもの》のビワも琵琶湖《びわこ》も同《おな》じ理由《りゆう》でその名《な》になった。

せいぶつデータ

名前《なまえ》	ナガヅエエソ
種族《しゅぞく》	ヒメ目《もく》チョウチンハダカ科《か》
生息深度《せいそくしんど》	500〜1000m
生息地《せいそくち》	太平洋《たいへいよう》、インド洋《よう》
体長《たいちょう》	約《やく》25cm
好物《こうぶつ》	小型《こがた》プランクトン

みんなもよく知《し》っているマグロは、泳《およ》ぎ続《つづ》けていないと呼吸《こきゅう》ができずに死《し》んでしまう。そのため彼《かれ》らは、一生ねむることもなく泳《およ》ぎ続《つづ》けるんだ。

ナガヅエエソは、そんな大変《たいへん》な思《おも》いをしているマグロとは正反対《せいはんたい》の生《い》き物《もの》だ。なんとナガヅエエソは、泳《およ》ぐのをやめるどころか、腹《はら》ビレと尾《お》ビレを使《つか》って海底《かいてい》に立《た》ってしまう。エモノをとらえるのには左右《さゆう》7本《ほん》ずつの胸《むな》ビレを使《つか》い、やっぱり泳《およ》がない。なまけもののようにも見《み》えるが、エネルギーを少《すこ》しでも節約《せつやく》したい深海《しんかい》では、こんな生《い》き方《かた》もアリなのだろう。しかし立《た》てるには立《た》てるが、安定感《あんていかん》はあまりない。そのため、水《みず》の流《なが》れが急《きゅう》な場《ば》所《しょ》は苦手《にがて》なのだ。

COLUMN

豆知識《まめちしき》 他《ほか》にもいる立《た》つ魚《さかな》

オオイトヒキイワシも、海底《かいてい》に立《た》つ魚《さかな》だ。腹《はら》ビレと尾《お》ビレを使《つか》って立《た》つのはナガヅエエソと同《おな》じだが、オオイトヒキイワシのヒレは長《なが》く、最大《さいだい》1mにもなる。

QUIZ クイズ

Q.ナガツエエソの別名《べつめい》は？

①ハシゴウオ

②サンキャクウオ

③キリカブウオ

こたえは次《つぎ》のページ

骨《ほね》に咲《さ》く深海《しんかい》の花《はな》

ホネクイハナムシ

生息深度｜せいそくしんど

0　500　1000　1500　2000　2500　3000 (m)

レア度《ど》 ★★★★★

200m～1000m

1001m～1500m

1501m～3000m

3001m～

骨《ほね》から栄《えい》養《よう》を吸《す》い上《あ》げる

不《ぶ》気《き》味《み》度《ど》

中

小

こたえ　②サンキャクウオ　立《た》っている姿《すがた》が、カメラなどをのせる三《さん》きゃくのようであることから。

せいぶつデータ

名前《なまえ》	ホネクイハナムシ	種族《しゅぞく》	ケヤリムシ目《もく》シボグリヌム科《か》
生息深度《せいそくしんど》	200～250m	生息地《せいそくち》	鹿児島県沖《かごしまけんおき》
体長《たいちょう》	約《やく》9mm（メス）	好物《こうぶつ》	クジラの骨《ほね》

大《おお》きなクジラの死《し》がいは、やがて深海《しんかい》へとしずみ、たくさんの生物《せいぶつ》たちのごちそうとなる。肉《にく》や内臓《ないぞう》はもちろん、骨《ほね》だってムダにはならない。

ホネクイハナムシは、クジラの死《し》がいから発見《はっけん》されたゴカイの仲間《なかま》だ。漢字《かんじ》で書《か》くと「骨食《ほねく》い花虫《はなむし》」。まるで花《はな》のようにクジラの骨《ほね》に根《ね》をはり、骨《ほね》から栄養《えいよう》を吸収《きゅうしゅう》して生《い》きているのだ。そのため彼《かれ》らは、口《くち》も消化器《しょうかき》も肛門《こうもん》も持《も》っていない。

骨《ほね》から出《で》ているのは、彼《かれ》らのエラだ。栄養《えいよう》を吸収《きゅうしゅう》することはできても、さすがに骨《ほね》の中《なか》で呼吸《こきゅう》をするのは難《むずか》しいのだろう。ちなみに彼《かれ》らのようにクジラの死《し》がいに集《あつ》まる生物《せいぶつ》たちのことを「鯨骨生物群集《げいこつせいぶつぐんしゅう》」とよぶ。

COLUMN

豆知識《まめちしき》

とても小《ちい》さいホネクイハナムシのオス

メスもかなり小《ちい》さいが、ホネクイハナムシのオスはもっともっと小《ちい》さい。けんび鏡《きょう》を使《つか》わないと、確《かく》認《にん》できないようなサイズなのだ。

QUIZ クイズ

Q.クジラの骨《ほね》はどれぐらい深海《しんかい》に残《のこ》る？

①1年《ねん》　②5年《ねん》

③10年《ねん》以上《いじょう》

こたえは次《つぎ》のページ

200m〜1000m
1001m〜1500m
1501m〜3000m
3001m〜

まるでコンペイ糖《とう》

ガクガクギョ

生息深度｜せいそくしんど

0　500　1000　1500　2000　2500　3000 (m)

レア度《ど》 ★★★★★

ガクガクなのは子《こ》どもだけ

不気味度
中
小

こたえ　③10年以上《ねんいじょう》　クジラの骨《ほね》は数十年《すうじゅうねん》〜百年《ひゃくねん》も深海《しんかい》に残《のこ》ると考《かんが》えられている。

せいぶつデータ

名前《なまえ》	ガクガクギョ	種族《しゅぞく》	マトウダイ目《もく》オオメマトウダイ科《か》
生息深度《せいそくしんど》	600～820m	生息地《せいそくち》	南《みなみ》アフリカ沖《おき》、オーストラリア沖《おき》など
体長《たいちょう》	約《やく》20cm	好物《こうぶつ》	不明《ふめい》

　生物《せいぶつ》の和名《わめい》は、見《み》た目《め》にちなんでつけられることが多《おお》い。イガグリみたいだからイガグリガニ、目《め》が望遠鏡《ぼうえんきょう》のようだからボウエンギョ。とてもわかりやすいし、おぼえやすい。ガクガクギョという名前《なまえ》も、その見《み》た目《め》からつけられた。ごらんの通《とお》りガクガクギョは、体《からだ》がものすごくガクガクしているのだ。

　彼《かれ》らのお腹《なか》と背中《せなか》にあるトゲ（コブ）は、全部《ぜんぶ》で20個以上《こいじょう》にもなる。なぜそうなったかは不明《ふめい》だが、おそらくこのトゲによって身《み》を守《まも》っているのだろう。

　だがこのトゲは、大人《おとな》になるとすっかりなくなってしまう。名前《なまえ》だけがみょうに目立《めだ》つ、あまり特徴《とくちょう》のない魚《さかな》に育《そだ》つのだ。

COLUMN

豆知識《まめちしき》

目《め》が大《おお》きいオオメマトウダイ科《か》

ガクガクギョは、目《め》が大《おお》きいのも特徴《とくちょう》だ。彼《かれ》らが属《ぞく》するオオメマトウダイ科《か》の仲間《なかま》は、そのほとんどが深海《しんかい》にすみ、みんな大《おお》きな目《め》を持《も》っているのだ。

QUIZ クイズ

Q. 次《つぎ》のうち、実在《じつざい》する生物《せいぶつ》はどれ？

①ピカピカマンジュウガニ
②ツルツルマンジュウガニ
③スベスベマンジュウガニ

こたえは次《つぎ》のページ

ホラーなお母《かあ》さん

オオタルマワシ

生息深度｜せいそくしんど

0　500　1000　1500　2000　2500　3000 (m)

レア度《ど》 ★★★☆☆

200m～1000m

1001m～1500m

1501m～3000m

3001m～

不《ぶ》気《き》味《み》度《ど》

生物《せいぶつ》の死《し》がいで子《こ》育《そだ》てをする

こたえ　③スベスベマンジュウガニ　名前《なまえ》の通《とお》りこうらがスベスベ。毒《どく》を持《も》っている。

せいぶつデータ

名前《なまえ》	オオタルマワシ
種族《しゅぞく》	端脚目《たんきゃくもく》タルマワシ科《か》
生息深度《せいそくしんど》	0～数百《すうひゃく》m
生息地《せいそくち》	世界各地《せかいかくち》
体長《たいちょう》	約《やく》3cm
好物《こうぶつ》	サルパ

町中《まちなか》を歩《ある》いていると、どこかのお母《かあ》さんがベビーカーをおす姿《すがた》を見《み》かけることがある。実《じつ》にほほえましい、平《へい》和《わ》な光景《こうけい》だ。

深海《しんかい》にも、オオタルマワシというベビーカーをおす生《せい》物《ぶつ》がいる。だがその様子《ようす》は、まったくもってほほえましくない。というのも、彼《かれ》らがおしているベビーカーは、サルパというとうめいな生物《せいぶつ》の死《し》がいなのだ。

オオタルマワシは、サルパの中身《なかみ》をくりぬくように食《た》べる。その結果外側《けっかそとがわ》のからだけが残《のこ》るが、彼《かれ》らはこれを利用《りよう》するのだ。中《なか》に入《はい》って自分《じぶん》の身《み》を守《まも》ることもあれば、中《なか》に卵《たまご》を産《う》むこともある。そして子育《こそだ》て中《ちゅう》は外《そと》に出《で》て、ベビーカーのようにおしながら移動《いどう》するのだ。

COLUMN

豆知識《まめちしき》

サルパってどんな生物《せいぶつ》なの？

サルパは、オオグチボヤと同《おな》じびさく動物《どうぶつ》だ。体《からだ》はとうめいで、プランクトンを栄養《えいよう》にしている。個《こ》体同士《たいどうし》がつながって、大《おお》きなひとつのサルパになるのだ。

QUIZ クイズ

Q. 残《のこ》ったサルパのからは最終的《さいしゅうてき》にどうなる？

①捨《す》てられる
②子《こ》どもが食《た》べる
③親《おや》が食《た》べる

こたえは次《つぎ》のページ

KEEP OUT KEEP O

400歳《さい》まで生《い》きるサメ

ニシオンデンザメ

生息深度｜せいそくしんど

0　500　1000　1500　2000　2500　3000 (m)

レア度《ど》★★★★★

200m〜1000m
1001m〜1500m
1501m〜3000m
3001m〜

長《なが》生《い》きの秘《ひ》訣《けつ》はスローライフ

超
特大
大
中
小
不気味度

こたえ　②子《こ》どもが食《た》べる　子《こ》どもは残《のこ》ったサルパを食《た》べて成長《せいちょう》する。エモノを一切《いっさい》ムダにしないエコな生物《せいぶつ》だ。

せいぶつデータ

名前《なまえ》	ニシオンデンザメ	種族《しゅぞく》	ツノザメ目《もく》オンデンザメ科《か》
生息深度《せいそくしんど》	200〜600m	生息地《せいそくち》	大西洋北部《たいせいようほくぶ》、北極海《ほっきょくかい》
体長《たいちょう》	約《やく》7m	好物《こうぶつ》	魚類《ぎょるい》、イカ類《るい》、カニ類《るい》

ニシオンデンザメは、「世界一《せかいいち》のろいサメ」どころか「世界一《せかいいち》のろい魚《さかな》」と言《い》われているサメだ。彼《かれ》らが泳《およ》ぐスピードは、なんと平均時速約《へいきんじそくやく》1km。これは、小学生《しょうがくせい》が歩《ある》くスピードよりもおそい。

このニシオンデンザメは、北極海《ほっきょくかい》など低水温《ていすいおん》の海《うみ》の中《なか》でくらす。泳《およ》ぐのがおそいのは、冷《つめ》たい水《みず》によって筋肉《きんにく》の動《うご》きがにぶくなっているためだと考《かんが》えられている。

そしてニシオンデンザメは、とても長生《ながい》きする生物《せいぶつ》であることもわかっている。大型《おおがた》の個体《こたい》であれば、400年《ねん》以上《いじょう》も生《い》きると予想《よそう》されているのだ。ゆったりと、リラックスして生《い》きる。長生《ながい》きの秘訣《ひけつ》は、人間《にんげん》もサメも同《おな》じなのかもしれない。

COLUMN

豆知識《まめちしき》

アザラシを食《た》べるニシオンデンザメ

ニシオンデンザメの胃《い》の中《なか》から、アザラシが見《み》つかったことがある。泳《およ》ぐスピードではとてもかなわないので、きっとねむっているところをねらったのだろう。

QUIZ クイズ

Q. ニシオンデンザメのもうひとつの特徴《とくちょう》は？

①毒《どく》がある

②トビウオのように空《そら》を飛《と》ぶ

③陸《りく》でも生《い》きられる

こたえは92ページ

COLUMN

コラム

深海生物《しんかいせいぶつ》って食《た》べられるの？

日本人《にほんじん》は魚介類《ぎょかいるい》が大好《だいす》きだ。おすしにお刺身《さしみ》、焼《や》き魚《ざかな》……日本《にほん》の食生活《しょくせいかつ》と魚介類《ぎょかいるい》は切《き》っても切《き》れない関係《かんけい》にある。そして日本人《にほんじん》が食《た》べている魚介類《ぎょかいるい》の中《なか》には、暗《くら》く冷《つめ》たい深海《しんかい》からやってきたものもいる。

キンメダイはその代表的《だいひょうてき》な例《れい》だ。キンメダイの生息域《せいそくいき》は水《すい》深《しん》100～800m。成魚《せいぎょ》は水深《すいしん》200m以深《いしん》の深海《しんかい》で過《す》ごすことがほとんどだ。キンメダイは煮付《につ》けやお刺身《さしみ》が人気《にんき》で、国内《こくない》産《さん》だけでは漁獲量《ぎょかくりょう》が足《た》りず、海外《かいがい》からの輸入《ゆにゅう》も行《おこな》われている。

表層《ひょうそう》～水深《すいしん》560mにすむキアンコウは、高級食材《こうきゅうしょくざい》として有《ゆう》名《めい》だ。冬《ふゆ》においしいあんこう鍋《なべ》に使《つか》われるのもこのキアンコウで、その身《み》はやわらかく、見《み》た目《め》からは想像《そうぞう》できないほど上品《じょうひん》な味《あじ》がする。またアンコウは身《み》だけでなく、アン肝《きも》や胃《い》、エラなども美味《びみ》で「食《た》べられないところがない魚《さかな》」としても知《し》られている。

エビの仲間《なかま》では、サクラエビやアマエビも深海《しんかい》にすむ種類《しゅるい》だ。アマエビの正式名称《せいしきめいしょう》はホッコクアカエビと言《い》い、若《わか》い頃《ころ》

◀メンダコ。
生息深度《せいそくしんど》は
200〜1060m

食卓《しょくたく》に並《なら》ぶキンメダイやサクラエビも実《じつ》は深海《しんかい》で暮《く》らしている生《い》き物《もの》なのだ！

写真《しゃしん》／Shutterstock

はオスとして過《す》ごし、5歳《さい》ほどでメスへと性転換《せいてんかん》する。おすしやお刺身《さしみ》として食《た》べられるのは体《からだ》の大《おお》きなメスで、オスはエビせんべいなどの材料《ざいりょう》となる。

しかしこれらはめずらしい例《れい》で、ほとんどの深海生物《しんかいせいぶつ》は食《しょく》用《よう》には向《む》いていない。とくに水深深《すいしんふか》くにすむ深海魚《しんかいぎょ》は、高《たか》い水圧《すいあつ》にたえるために体《からだ》が水分《すいぶん》でブヨブヨになっているので、食《た》べられたものではないのだ。

ピックアップ その1
ミツマタヤリウオ
▶▶▶ P.94

ピックアップ その2
チョウチンアンコウ
▶▶▶ P.114

ピックアップ その3
ミスジオクメウオ
▶▶▶ P.102

第《だい》2章《しょう》

上《じょう》部《ぶ》漸《ぜん》深《しん》層《そう》

1001M - 1500M

水深《すいしん》1001m ～ 3000 m は、漸深層《ぜんしんそう》とよばれ、さらに細《こま》かく分《わ》けると、1001m ～ 1500m を上部漸深層《じょうぶぜんしんそう》と言《い》う。この層《そう》には、サメの仲間《なかま》で人気《にんき》のラブカや最《もっと》も有名《ゆうめい》な深海魚《しんかいぎょ》のひとつ、チョウチンアンコウがいるぞ！

今《いま》に生《い》きる古代《こだい》ザメ

ラブカ

生息深度｜せいそくしんど

0　500　1000　1500　2000　2500　3000 (m)

レア度《ど》 ★★★★★★

200m～1000m

1001m～1500m

1501m～3000m

3001m～

またの名《な》をウナギザメ！

こたえ　①毒《どく》がある　筋肉《きんにく》に毒《どく》がある。ホホジロザメなどにおそわれないのは、そのためだと考《かんが》えられている。

せいぶつデータ

名前《なまえ》	ラブカ	種族《しゅぞく》	カグラザメ目《もく》ラブカ科《か》
生息深度《せいそくしんど》	120～1500m	生息地《せいそくち》	世界各地《せかいかくち》
体長《たいちょう》	約《やく》2m	好物《こうぶつ》	イカ類《るい》

　ラブカは、カグラザメ目《もく》に属《ぞく》するサメの一種《いっしゅ》だ。しかし外見《がいけん》はウナギのように細長《ほそなが》く、他《ほか》のサメとはだいぶちがう。またほとんどのサメが左右《さゆう》に５つずつエラを持《も》っているが、ラブカのエラは６つずつ。三《さん》またになっている歯《は》も独特《どくとく》だ。

　実《じつ》はラブカは恐竜《きょうりゅう》の時代《じだい》にも存在《そんざい》していた古代《こだい》ザメで、その当時《とうじ》からほとんど姿《すがた》が変《か》わっていないのだ。約《やく》3億《おく》5900万年前《まんねんまえ》に終《お》わったデボン紀《き》の地層《ちそう》からも、ラブカによく似《に》たサメの化石《かせき》が見《み》つかっている。

　ちなみにラブカは和名《わめい》で、漢字《かんじ》で書《か》くと「羅鱶《らぶか》」となる。毛織物《けおりもの》の一種《いっしゅ》である羅紗《らしゃ》に手触《てざわ》りが似《に》た鱶《ふか》（サメ）ということから、その名《な》がついたようだ。

COLUMN　豆知識《まめちしき》

ラブカに似《に》た古代《こだい》ザメ・クラドセラケ

クラドセラケは、古生代《こせいだい》デボン紀《き》に生息《せいそく》していたとされる原始的《げんしてき》なサメ。口《くち》が先端《せんたん》についている点《てん》、通常《つうじょう》のサメよりエラが多《おお》い点《てん》などがラブカに似《に》ている。

QUIZ クイズ

Q.ラブカの妊娠期間《にんしんきかん》は？
①3カ月《げつ》　②1年半《ねんはん》
③3年半《ねんはん》

こたえは次《つぎ》のページ

こんなに立派《りっぱ》になりました

ミツマタヤリウオ

生息深度 | せいそくしんど

0 500 1000 1500 2000 2500 3000 (m)

レア度《ど》 ★★★☆☆

子《こ》どもと大人《おとな》で
姿《すがた》が変《か》わる

幼少期《ようしょうき》

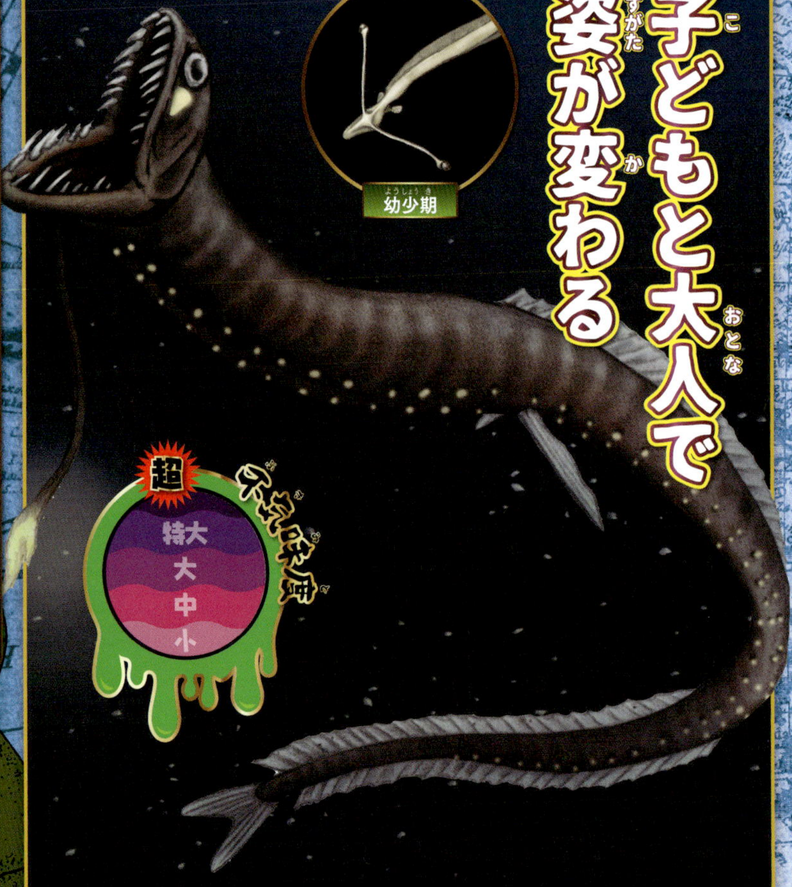

超
不気味度
特大
大
中
小

こたえ ③3年半《ねんはん》 人間《にんげん》は約《やく》10カ月《げつ》。ほ乳類《にゅうるい》の中《なか》では、ゾウの21カ月《げつ》が最長《さいちょう》。

せいぶつデータ

名前 なまえ	ミツマタヤリウオ	種族 しゅぞく	ワニトカゲギス目《もく》ワニトカゲギス科《か》
生息深度 せいそくしんど	400～1500m	生息地 せいそくち	北太平洋《きたたいへいよう》
体長 たいちょう	約《やく》50cm（メス）	好物 こうぶつ	魚類《ぎょるい》

　真《ま》っ黒《くろ》な体《からだ》に、あぶない目《め》つき。大《おお》きく開《ひら》く口《くち》の中《なか》にはするどい歯《は》がズラリと並《なら》び、いかにも攻撃力《こうげきりょく》が高《たか》そうだ。欧米《おうべい》では「ブラックドラゴンフィッシュ」とよばれ、そんなところもまたクール。ひげの先《さき》には発光器《はっこうき》がついており、エモノをおびきよせることもできる。

　さてそんなイケイケのミツマタヤリウオだが、子《こ》どもの頃《ころ》は、もやしがういているようにしか見《み》えない。細《ほそ》い体《からだ》の先《さき》からは２つの目《め》が大《おお》きく飛《と》び出《だ》し、取《と》れてしまわないかと心配《しんぱい》になるほどだ。

　あまりに姿《すがた》がちがうため、ミツマタヤリウオの大人《おとな》と子《こ》どもは、かつてちがう種類《しゅるい》であると考《かん》えられていた。この２つを見比《みくら》べれば、それも仕方《しかた》がない話《はなし》だ。

COLUMN

豆知識《まめちしき》

ウナギも大人《おとな》と子《こ》どもで姿《すがた》が変《か》わる

よく目《め》にするウナギやアナゴも、子《こ》ども時代《じだい》はとうめいで細長《ほそなが》い葉《は》っぱのような姿《すがた》をしている。この状態《じょうたい》は「レプトケファルス」とよばれているんだ。

QUIZ クイズ

Q. ミツマタヤリウオのオスは何《なん》cmぐらい？

①10cm　②30cm
③70cm

こたえは次《つぎ》のページ

ギネス記録《きろく》を持《も》つ深海生物《しんかいせいぶつ》

ギガントキプリス

生息深度｜せいそくしんど

0　500　1000　1500　2000　2500　3000 (m)

レア度《ど》 ★★★☆☆

200m～1000m
1001m～1500m
1501m～3000m
3001m～

どんな光《ひかり》でもキャッチ！

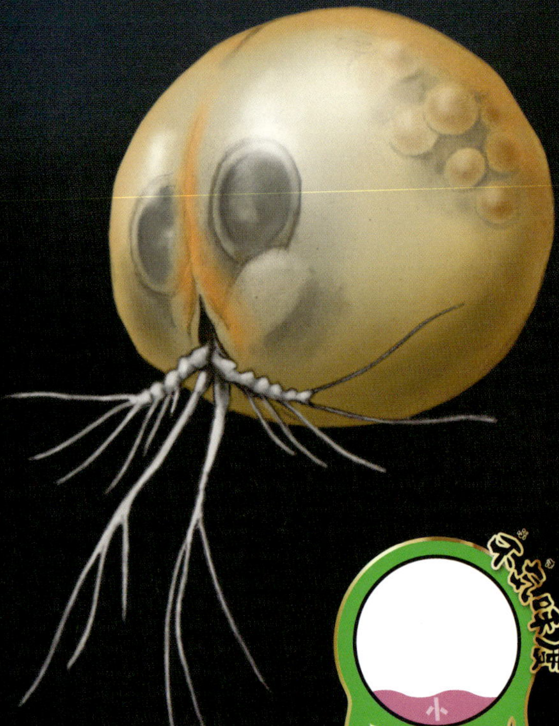

不気味度《ぶきみど》
小

こたえ ①10cm　子《こ》どもと大人《おとな》だけでなく、ミツマタヤリウオはオスとメスでも大《おお》きく姿《すがた》が異《こと》なる。

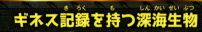

せいぶつデータ

名前《なまえ》	ギガントキプリス
種族《しゅぞく》	ミオドコーパ目《もく》ウミホタル科《か》
生息深度《せいそくしんど》	数百《すうひゃく》～千数百《せんすうひゃく》m
生息地《せいそくち》	南極海《なんきょくかい》
体長《たいちょう》	約《やく》3cm
好物《こうぶつ》	プランクトン

ギガントキプリスの「ギガント」には、「巨人《きょじん》」という意味《いみ》がある。ギガントキプリスは最大《さいだい》でも3cmほどにしかならないが、彼《かれ》らがふくまれるグループの仲間《なかま》は数《すう》mm程度《ていど》のものがほとんどなので、これでもウルトラ級《きゅう》に大《おお》きいのだ。

ギガントキプリスの最大《さいだい》の特徴《とくちょう》は、ピンポン球《だま》のようなからの中《なか》にある大《おお》きな目《め》だ。この目《め》はおどろくほど光《ひかり》を集《あつ》める力《ちから》が強《つよ》く、その高性能《こうせいのう》ぶりはギネスブックにものったほど。あのギネスが認《みと》めた、世界《せかい》で一番光《いちばんひかり》を集《あつ》められる目《め》なのだ。

そしてギガントキプリスは、エモノを見《み》つけると、あしをこぐようにして泳《およ》ぎ出《だ》すのだ。

COLUMN

豆知識《まめちしき》

ギガントキプリスの思《おも》わぬ弱点《じゃくてん》

ギガントキプリスの目《め》は、高性能《こうせいのう》すぎて強《つよ》い光《ひかり》に弱《よわ》い。カイアシ類《るい》のガウシアが放《はな》つ光《ひかり》をあびると、パニックを起《お》こし、よっぱらったかのような動《うご》きになってしまう。

QUIZ クイズ

Q. ギガントキプリスは卵《たまご》をどこにかくす？

①海底《かいてい》の岩《いわ》のかげ
②自分《じぶん》のからの中《なか》
③クラゲの体《からだ》の中《なか》

こたえは次《つぎ》のページ

KEEP OUT KEEP OUT

電気《でんき》を感《かん》じる「ゴブリンシャーク」

ミツクリザメ

生息深度｜せいそくしんど

0　500　1000　1500　2000　2500　3000 (m)

レア度《ど》★★★★★

200m〜1000m
1001m〜1500m
1501m〜3000m
3001m〜

歯茎《はぐき》がつき出《で》る
あごも飛《と》び出《だ》す

こたえ　②自分《じぶん》のからの中《なか》　自分《じぶん》のからの中《なか》に卵《たまご》を保管《ほかん》し、敵《てき》から守《まも》っている。

せいぶつデータ

名前《なまえ》	ミツクリザメ	種族《しゅぞく》	ネズミザメ目《もく》ミツクリザメ科《か》
生息深度《せいそくしんど》	400～1300m	生息地《せいそくち》	太平洋《たいへいよう》、インド洋《よう》など
体長《たいちょう》	約《やく》5m	好物《こうぶつ》	魚類《ぎょるい》、エビ類《るい》、カニ類《るい》など

前方《ぜんぽう》に大《おお》きくつき出《だ》した歯茎《はぐき》。エモノをおそう際《さい》に飛《と》び出《だ》すあご。ミツクリザメは、そのおそろしい見《み》た目《め》から、欧米《おうべい》では「ゴブリンシャーク（悪魔《あくま》のサメ）」ともよばれている。

ゾウギンザメと同《おな》じように、ミツクリザメも吻《ふん》の下《した》で電気《でんき》を感《かん》じることができる。エモノが放《はな》つ電気《でんき》をたよりに、かりをしているのだ。

かつて、とある海底《かいてい》に設置《せっち》された海底《かいてい》ケーブルが切断《せつだん》され故障《こしょう》するというハプニングが起《お》こった。ケーブルを調《しら》べてみると、そこから出《で》てきたのはミツクリザメの歯《は》。おそらく、電気《でんき》が流《なが》れているケーブルをエモノとかんちがいし、「ガブリ！」といってしまったのだろう。

COLUMN

豆知識《まめちしき》

「ミツクリ」の名《な》を持《も》つ生《い》き物《もの》たち

ミツクリザメの「ミツクリ」は、明治時代《めいじじだい》の動物学者《どうぶつがくしゃ》・箕作佳吉《みつくりかきち》の名《な》にちなんだもの。箕作先生《みつくりせんせい》の名《な》は他《ほか》にもミツクリエビなどに使《つか》われている。

QUIZ クイズ

Q.ミツクリザメの飼育期間世界記録《しいくきかんせかいきろく》は？

①16日間《にちかん》
②354日間《にちかん》
③1287日間《にちかん》

こたえは次《つぎ》のページ

深海《しんかい》にUFO出現《しゅつげん》

ムラサキカムリクラゲ

生息深度｜せいそくしんど
0　500　1000　1500　2000　2500　3000（m）

レア度《ど》 ★★★★★

200m〜1000m
1001m〜1500m
1501m〜3000m
3001m〜

その光《ひかり》にはワケがある

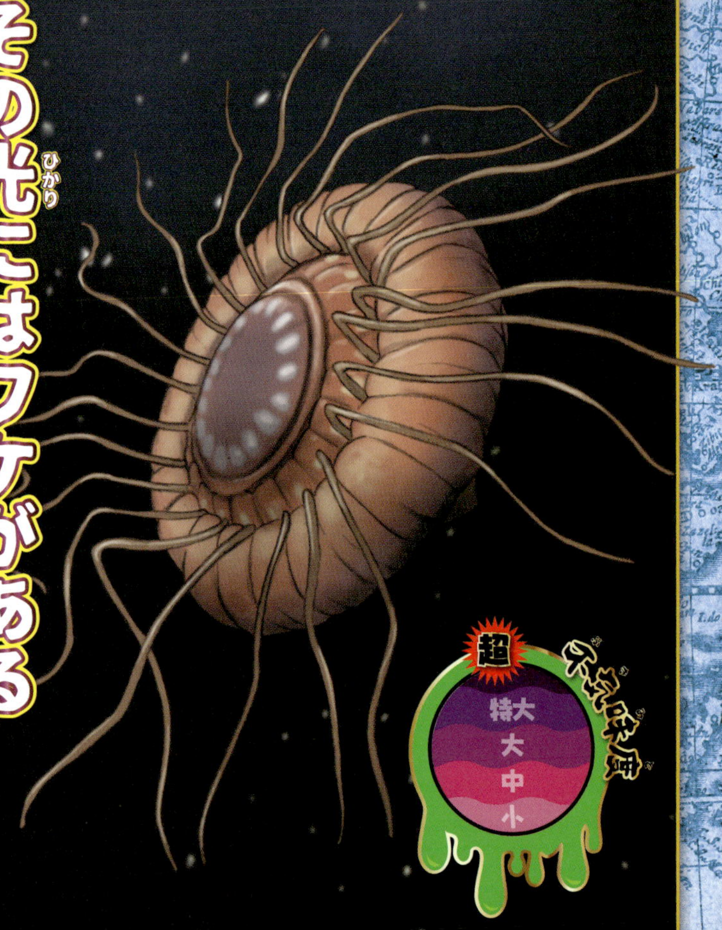

不気味度
超
特大
大
中
小

こたえ　①16日間《にちかん》　葛西臨海水族園《かさいりんかいすいぞくえん》の記録《きろく》。生《い》きたミツクリザメはほとんど発見《はっけん》されていない。

せいぶつデータ

名前《なまえ》	ムラサキカムリクラゲ
種族《しゅぞく》	カムリクラゲ目《もく》ヒラタカムリクラゲ科《か》
生息深度《せいそくしんど》	500〜1500m
生息地《せいそくち》	日本海《にほんかい》、地中海《ちちゅうかい》、北極海《ほっきょくかい》をのぞく世界中《せかいじゅう》の海《うみ》
体長《たいちょう》	約《やく》15cm
好物《こうぶつ》	プランクトン

深海《しんかい》と宇宙《うちゅう》には、いくつかの共通点《きょうつうてん》がある。行《い》くのが難《むずか》しいこと、なぞが多《おお》いこと、そしてUFOがいること。ムラサキカムリクラゲは、どう見《み》ても深海《しんかい》に出現《しゅつげん》したUFOのようにしか見《み》えない。

ムラサキカムリクラゲは、発光《はっこう》の理由《りゆう》も常識外《じょうしきがい》だ。敵《てき》に出会《であ》ったときに発光《はっこう》する生物《せいぶつ》は他《ほか》にもいるが、それは大体《だいたい》が光《ひかり》による目《め》くらましをねらったもの。敵《てき》をおどろかせ、そのスキに逃《に》げるために使《つか》われる。

ところがムラサキカムリクラゲの光《ひかり》には、敵《てき》よりも大《おお》きいほ食者《しょくしゃ》をよびよせ、そのほ食者《しょくしゃ》に敵《てき》を食《た》べさせようとする意味《いみ》があるという。広《ひろ》い深海《しんかい》でどれだけ効果《こうか》があるかは不明《ふめい》だが、そのアイデアには感心《かんしん》するばかりだ。

COLUMN

豆知識《まめちしき》

深海生物《しんかいせいぶつ》のほとんどが発光《はっこう》する

ほとんどの深海生物《しんかいせいぶつ》は発光《はっこう》できる。ムラサキカムリクラゲのような例《れい》は特《とく》しゅで、大体《だいたい》はエモノをおびきよせるか、目《め》くらましか、パートナーを見《み》つけるために使《つか》われる。

QUIZ クイズ

Q.クラゲは漢字《かんじ》でどう書《か》く？

①海花　②海虹

③海月

こたえは次《つぎ》のページ

目《め》がなくても困《こま》らない

ミスジオクメウオ

生息深度｜せいそくしんど

0　500　1000　1500　2000　2500　3000 (m)

レア度《ど》★★★★☆

嗅覚《きゅうかく》と水《みず》の流《なが》れでエモノを見《み》つける

不《ぶ》気《き》味《み》度《ど》

超

特大

大

中

小

200m～1000m

1001m～1500m

1501m～3000m

3001m～

こたえ　③海月《くらげ》　海《うみ》の月《つき》と書《か》いてクラゲ。「水母《くらげ》」と書《か》くこともある。

せいぶつデータ

名前《なまえ》	ミスジオクメウオ
種族《しゅぞく》	アシロ目《もく》ソコオクメウオ科《か》
生息深度《せいそくしんど》	400〜1500m
生息地《せいそくち》	南《みなみ》日本沖《にほんおき》、南《みなみ》アフリカなど
体長《たいちょう》	約《やく》18cm
好物《こうぶつ》	不明《ふめい》

　ミスジオクメウオは、目《め》が退化《たいか》し、皮《ひ》ふの下《した》にうまっているのが最大《さいだい》の特徴《とくちょう》だ。個体《こたい》によっては、目《め》がなくなってしまっていることもあると言《い》う。

　しかし、ミスジオクメウオが生息《せいそく》するのは、太陽《たいよう》の光《ひかり》がまったく届《とど》かない水深《すいしん》1000m付近《ふきん》。彼《かれ》らからすれば「どうせ暗《くら》くて見《み》えないし、目《め》なんか別《べつ》にいらないや」といった感覚《かんかく》なのだろう。そのかわり水《みず》の振動《しんどう》を感知《かんち》できる側線《そくせん》と、優《すぐ》れた嗅覚《きゅうかく》を持《も》っており、これらを使《つか》ってエモノを見《み》つけているのだ。

　ミスジオクメウオは日本近海《にほんきんかい》にも生息《せいそく》することが知《し》られているが、世界的《せかいてき》に見《み》ても発見例《はっけんれい》がかなり少《すく》ない。とてもレアな深海魚《しんかいぎょ》なのだ。

COLUMN

豆知識《まめちしき》

目《め》が小《ちい》さい ソコオクメウオ科《か》の仲間《なかま》

ミスジオクメウオは、ソコオクメウオ科《か》にふくまれる魚類《ぎょるい》。このグループには20種類《しゅるい》あまりの仲間《なかま》がいるが、やはりどれも目《め》が非常《ひじょう》に小《ちい》さい。

QUIZ クイズ

Q.ミスジオクメウオの体《からだ》はどんな手触《てざわ》り？
①ブヨブヨ　②カサカサ
③カチカチ

こたえは次《つぎ》のページ

KEEP OUT KEEP OUT

KEEP OUT

深海《しんかい》のアイドルダコ

メンダコ

生息深度｜せいそくしんど

0 500 1000 1500 2000 2500 3000 (m)

レア度《ど》 ★★★★★

200m〜1000m

1001m〜1500m

1501m〜3000m

3001m〜

深《しん》海《かい》ならではの省《しょう》エネ生《せい》活《かつ》

不《ぶ》気《き》味《み》度《ど》

小

こたえ ①ブヨブヨ　ミスジオクメウオの体《からだ》は半《はん》とうめいで、ブヨブヨとやわらかい。

せいぶつデータ

名前《なまえ》	メンダコ
種族《しゅぞく》	タコ目《もく》メンダコ科《か》
生息深度《せいそくしんど》	200～1060m
生息地《せいそくち》	相模湾《さがみわん》～九州近海《きゅうしゅうきんかい》
体長《たいちょう》	約《やく》20cm（全幅《ぜんぷく》）
好物《こうぶつ》	こうかく類《るい》

そのかわいらしい見《み》た目《め》から、深海《しんかい》のアイドル的存在《てきそんざい》として愛《あい》されているメンダコ。目《め》の上《うえ》にある耳《みみ》のような部分《ぶぶん》はヒレで、方向転換《ほうこうてんかん》のために使《つか》われる。

メンダコは、他《ほか》のタコのように、すみをはくことも、速《はや》く泳《およ》ぐことも、うでを細《こま》かく動《うご》かすこともできない。しかしエネルギーとなるエサが少《すく》ない深海《しんかい》では、これぐらいの省《しょう》エネ生活《せいかつ》がかえってちょうどいいのだ。

また、体《からだ》がとてもやわらかいのも特徴《とくちょう》で、この体《からだ》は水《みず》から上《あ》がるとペッチャンコになってしまう。今《いま》でこそかわいいと大人気《だいにんき》のメンダコだが、水中《すいちゅう》さつえいの技術《ぎじゅつ》が発達《はったつ》するまでは、スライムのようにグロテスクな姿《すがた》で図《ず》鑑《かん》にのってしまうことも多《おお》かった。

COLUMN

豆知識《まめちしき》

メンダコって食《た》べられるの？

食《た》べられないことはないが、食用《しょくよう》には向《む》いていない。独特《どくとく》のにおいが他《ほか》の魚《さかな》にうつってしまうこともあり、あみにかかってもすぐに漁《りょう》師《し》さんに捨《す》てられてしまうんだ。

QUIZ クイズ

Q.メンダコをつかまえるのにピッタリな道具《どうぐ》は？

①おはし　②おたま
③フォーク

こたえは次《つぎ》のページ

時限《じげん》ばくだんの使《つか》い手《て》

ガウシア・プリンセップス

生息深度｜せいそくしんど

0　500　1000　1500　2000　2500　3000 (m)

レア度《ど》★☆☆☆☆

体《たい》液《えき》が2秒《びょう》後《ご》にばく発《はつ》する

200m〜1000m
1001m〜1500m
1501m〜3000m
3001m〜

こたえ　②おたま　体《からだ》がとてもやわらかいので、調査用《ちょうさよう》につかまえるときは、おたまのような道具《どうぐ》を使《つか》う。

せいぶつデータ

名前《なまえ》	ガウシア・プリンセップス
種族《しゅぞく》	カラヌス目《もく》メトリディア科《か》
生息深度《せいそくしんど》	1000m付近《ふきん》
生息地《せいそくち》	世界各地《せかいかくち》
体長《たいちょう》	約《やく》12mm
好物《こうぶつ》	動物《どうぶつ》プランクトン

ガウシア・プリンセップスは、水深《すいしん》1000m付近《ふきん》に生《せい》息《そく》する小《ちい》さなプランクトンだ。体《からだ》はわずか12mmほどしかなく、これといった攻撃方法《こうげきほうほう》も持《も》っていない。

そんなガウシアだが、防御《ぼうぎょ》に関《かん》しては超一流《ちょういちりゅう》だ。ガウシアは、敵《てき》におそわれそうになると、青《あお》く光《ひか》る液体《えきたい》を体《からだ》からレーザーのように発射《はっしゃ》する。それだけでもSF映画《えいが》のようでカッコいいのだが、最大《さいだい》の見《み》せ場《ば》は、そのあとすぐにやってくる。

なんとこのレーザーは、発射《はっしゃ》されてから約《やく》２秒後《びょうご》に、花火《はなび》のようにばく発《はつ》するのだ。暗《くら》やみの中《なか》で急《きゅう》に強《つよ》い光《ひかり》を見《み》た敵《てき》は、当然《とうぜん》パニックになる。ガウシアは、そのスキをついて逃《に》げ出《だ》すのだ。

COLUMN

豆知識《まめちしき》
体液《たいえき》が時間差《じかんさ》で光《ひか》る理由《りゆう》

ガウシアの体液《たいえき》は、海中《かいちゅう》のナトリウムイオンという物質《ぶっしつ》に反応《はんのう》して光《ひか》る。しかし発射《はっしゃ》してすぐの体液《たいえき》は動《うご》きが速《はや》く、反応《はんのう》しづらくなっているのだ。

QUIZ クイズ

Q.「プリンセップス」にはどんな意《い》味《み》がある？
①召使《めしつか》い　②用心棒《ようじんぼう》
③リーダー

こたえは次《つぎ》のページ

好《す》ききらいはしません

ミズウオ

生息深度｜せいそくしんど

0 500 1000 1500 2000 2500 3000 (m)

レア度《ど》 ★★★★★

目《め》の前《まえ》のものは何《なん》でもパクリ！

不気味度

大

中

小

こたえ ③リーダー　リーダーを意味《いみ》するラテン語《ご》。

せいぶつデータ

名前《なまえ》	ミズウオ	種族《しゅぞく》	ヒメ目《もく》ミズウオ科《か》
生息深度《せいそくしんど》	900～1400m	生息地《せいそくち》	太平洋《たいへいよう》、東《ひがし》シナ海《かい》など
体長《たいちょう》	約《やく》1～2m	好物《こうぶつ》	何《なん》でも

深海生物《しんかいせいぶつ》というとなかなかお目《め》にかかれないイメージがあるが、ミズウオは割《わり》と身近《みぢか》な存在《そんざい》だ。夜《よる》の浜辺《はまべ》に打《う》ち上《あ》げられることもめずらしくない。ただし名前《なまえ》の通《とお》り身《み》は水《みず》っぽく、食用《しょくよう》には向《む》かない。

ミズウオは、とにかく何《なん》でも食《た》べる。口《くち》に入《はい》る大《おお》きさであればイカだろうが、クラゲだろうが、みさかいなく丸《まる》のみし、ときには共食《ともぐ》いもする。ミズウオを調査《ちょうさ》したところ、胃《い》から平均《へいきん》20種類《しゅるい》の生物《せいぶつ》が見《み》つかったという話《はなし》もあるほどだ。

そしてミズウオの胃《い》からは、ビニール袋《ぶくろ》やプラスチックが見《み》つかることも多《おお》い。何《なん》でも飲《の》み込《こ》むミズウオは、海《うみ》がどれだけよごれているかも物語《ものがた》っているのだ。

COLUMN

豆知識《まめちしき》

ミズウオの胃《い》の中《なか》から見《み》つかったイカ

ミズウオの胃《い》からは、魚《さかな》やイカが原型《げんけい》のままで見《み》つかることが多《おお》い。中《なか》には、ミズウオの胃《い》の中《なか》で初《はじ》めて発見《はっけん》されたミズウオヒレギイカというイカもいる。

QUIZ

クイズ

Q. 次《つぎ》のうち本当《ほんとう》にいる生物《せいぶつ》は？

①ウソミズウオ

②ミズウオダマシ

③ホラミズウオ

こたえは次《つぎ》のページ

かわいい耳《みみ》がチャームポイント

ジュウモンジダコ

生息深度｜せいそくしんど

0　500　1000　1500　2000　2500　3000 (m)

レア度《ど》★★★★★

別《べつ》名《めい》は「ダンボオクトパス」

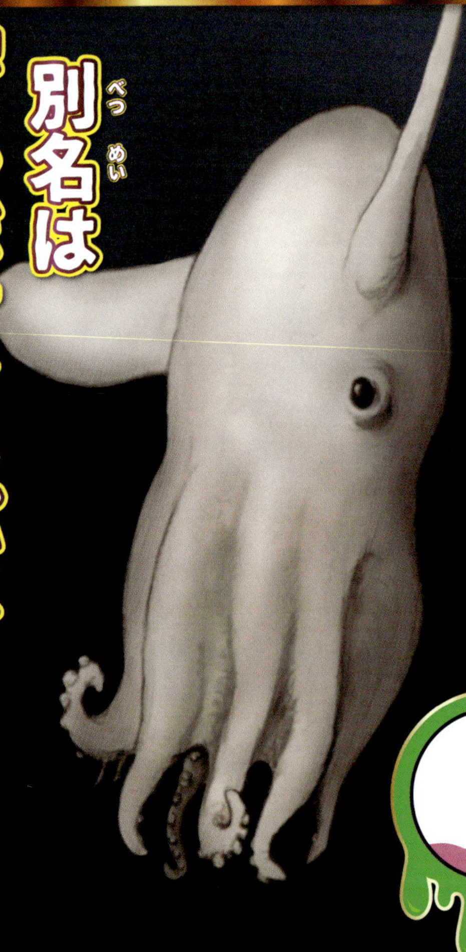

不気味度

小

こたえ　②ミズウオダマシ　ミズウオに似《に》ているが、特徴《とくちょう》である大《おお》きな背《せ》ビレがない。

せいぶつデータ

名前《なまえ》	ジュウモンジダコ	種族《しゅぞく》	タコ目《もく》メンダコ科《か》
生息深度《せいそくしんど》	500〜1380m	生息地《せいそくち》	東太平洋《ひがしたいへいよう》など
体長《たいちょう》	約《やく》10cm	好物《こうぶつ》	エビ類《るい》、カニ類《るい》

　ジュウモンジダコは、メンダコと同《おな》じタコ目《もく》メンダコ科《か》の仲間《なかま》だ。耳《みみ》のように見《み》えるヒレはメンダコよりも大《おお》きく、その見《み》た目《め》から「ダンボオクトパス」とよばれることもある。

　ジュウモンジダコは、ヒレをパタパタさせながら海中《かいちゅう》を泳《およ》ぐ。その姿《すがた》は耳《みみ》を羽《は》ばたかせて飛行《ひこう》しているようにも見《み》え、まさにダンボのようだ。

　ジュウモンジダコのうでは、半分《はんぶん》ほどの長《なが》さまで膜《まく》でつながっている。コウモリダコがスカートなら、こちらはミニスカートと言《い》ったところだ。コウモリダコはこの膜《まく》を使《つか》って進《すす》む力《ちから》を得《え》たり、裏返《うらがえ》して身《み》を守《まも》ったりしているのだ。

COLUMN

豆知識《まめちしき》

光《ひか》るジュウモンジダコもいる

同《おな》じくメンダコ科《か》のヒカリジュウモンジダコは、その名《な》の通《とお》り発光《はっこう》器《き》を持《も》っている。タコの仲間《なかま》で発《はっ》光器《こうき》を持《も》っているのは、このヒカリジュウモンジダコだけだ。

QUIZ クイズ

Q.この中《なか》でミッキーマウスに似《に》ていると言《い》われる生物《せいぶつ》は？

①ボウズイカ
②スカシダコ
③ニシアンコウ

こたえは次《つぎ》のページ

KEEP OUT KEEP OUT

悪魔《あくま》と鬼《おに》がひとつに

アクマオニアンコウ

生息深度｜せいそくしんど

0 500 1000 1500 2000 2500 3000 (m)

レア度《ど》★★★★★

200m～1000m
1001m～1500m
1501m～3000m
3001m～

2つの発《はっ》光《こう》器《き》官《かん》を持《も》つアンコウ

こたえ ①ボウズイカ　耳《みみ》のような大《おお》きいヒレがついており、ミッキーマウスに似《に》ていると言《い》われる。

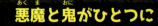

せいぶつデータ

名前《なまえ》	アクマオニアンコウ	種族《しゅぞく》	アンコウ目《もく》オニアンコウ科《か》
生息深度《せいそくしんど》	1000m以深《いしん》	生息地《せいそくち》	不明《ふめい》
体長《たいちょう》	約《やく》20cm	好物《こうぶつ》	不明《ふめい》

深海《しんかい》にはおそろしい名前《なまえ》をつけられた生物《せいぶつ》がたくさんいるが、このアクマオニアンコウはその最《さい》たる例《れい》だ。ひとつの名前《なまえ》に「鬼《おに》」と「悪魔《あくま》」。そんないかつい名前《なまえ》だが、体長《たいちょう》20cmと意外《いがい》に小《こ》がらなのだ。

そしてアクマオニアンコウは、やっぱり見《み》た目《め》はおそろしい。真《ま》っ黒《くろ》な体《からだ》に、するどいキバ。鼻先《はなさき》だけでなく、長《なが》いアゴヒゲの先端《せんたん》にも２枚《まい》の葉《は》っぱのような発光器《はっこうき》がついている。

ただしこのような見《み》た目《め》をしているのはメスだけで、オスはビワアンコウと同《おな》じように、メスよりもずっと小《ちい》さい。メスにかみつき、一体化《いったいか》して子孫《しそん》を残《のこ》すのも、ビワアンコウと同様《どうよう》だ。

COLUMN

豆知識《まめちしき》

さかなクンでさえ知《し》らなかったアクマオニアンコウ

アクマオニアンコウは以前《いぜん》、あのさかなクンが知《し》らなかった深海魚《しんかいぎょ》として話題《わだい》になった。深海《しんかい》には、見《み》つかったばかりで図鑑《ずかん》にものっていない魚《さかな》が多数《たすう》いるのだ。

QUIZ クイズ

Q．次《つぎ》のうち実在《じつざい》しない生物《せいぶつ》は？

①オニイソメ

②オニカジカ

③オニヤムシ

こたえは次《つぎ》のページ

これぞ深海魚《しんかいぎょ》

チョウチンアンコウ

生息深度｜せいそくしんど

0　500　1000　1500　2000　2500　3000 (m)

レア度《ど》 ★★★★★

光《ひか》るつりざおでエモノをゲット

不《ぶ》気《き》味《み》度《ど》

特大
大
中
小

200m～1000m
1001m～1500m
1501m～3000m
3001m～

こたえ　③オニヤムシ　オニイソメとオニカジカは実在《じつざい》する。

せいぶつデータ

名前《なまえ》	チョウチンアンコウ
種族《しゅぞく》	アンコウ目《もく》チョウチンアンコウ科《か》
生息深度《せいそくしんど》	600～1210m
生息地《せいそくち》	太平洋《たいへいよう》、大西洋《たいせいよう》
体長《たいちょう》	約《やく》30cm（メス）
好物《こうぶつ》	魚類《ぎょるい》

チョウチンアンコウは、深海魚《しんかいぎょ》の代表《だいひょう》とも言《い》える存在《そんざい》だ。真《ま》っ黒《くろ》で不気味《ぶきみ》な見《み》た目《め》だけでなく、エモノのとらえ方《かた》も、いかにも深海魚《しんかいぎょ》らしい。

頭《あたま》からのびるつりざおは、背《せ》ビレのトゲが変化《へんか》したものだ。「イリシウム」とよばれ、先《さき》っぽは発光器《はっこうき》になっている。そしてこの発光器《はっこうき》の中《なか》には、発光《はっこう》バクテリアがいる。発光器《はっこうき》が光《ひか》るのは、このバクテリアが光《ひか》っているためなのだ。

チョウチンアンコウは、このイリシウムをゆらし、エモノをおびきよせる。深海《しんかい》にすむ魚《さかな》たちは、ゆれる光《ひかり》をエサとかんちがいしてしまうのだ。まんまとエモノが近《ちか》づいて来《き》たら、大《おお》きな口《くち》でガブリ！　というわけだ。

COLUMN

豆知識《まめちしき》

イリシウムは種類《しゅるい》によって形《かたち》がちがう

チョウチンアンコウの仲間《なかま》はイリシウムを持《も》っているが、その形《かたち》は種類《しゅるい》ごとにちがう。ちなみにイリシウムは、曲《ま》げたりちぢめたりすることもできる。

QUIZ《クイズ》

Q.チョウチンアンコウのイリシウムのスゴいところは？

①2mものびる
②発光液《はっこうえき》を飛《と》ばせる
③絶対《ぜったい》にちぎれない

こたえは次《つぎ》のページ

なんだその体《からだ》は

バケダラ

生息深度｜せいそくしんど

0 500 1000 1500 2000 2500 3000 (m)

レア度《ど》 ★★★★★

人《ひと》だまのように泳《およ》ぐ

不気味度

中

小

こたえ ②発光液《はっこうえき》を飛《と》ばせる　エモノの目《め》をくらませる効果《こうか》があると考《かんが》えられている。

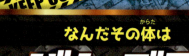

せいぶつデータ

名前《なまえ》	バケダラ	種族《しゅぞく》	タラ目《もく》ソコダラ科《か》
生息深度《せいそくしんど》	1100～1400m	生息地《せいそくち》	日本近海《にほんきんかい》、メキシコ湾《わん》など
体長《たいちょう》	約《やく》30cm	好物《こうぶつ》	不明《ふめい》

バケダラは、頭《あたま》が風船状《ふうせんじょう》に大《おお》きくふくらんだ深海魚《しんかいぎょ》だ。まるでオタマジャクシのような見《み》た目《め》だが、スーパーにも売《う》っているマダラと同《おな》じ、タラ目《もく》の仲間《なかま》である。

バケダラは、胸《むね》ビレや背《せ》ビレが小《ちい》さく、尾《お》ビレもない。要《よう》するに、泳《およ》ぐのが得意《とくい》ではないのだ。深海《しんかい》をユラユラと泳《およ》ぐ様子《ようす》は人《ひと》だまのようだと言《い》われ、そこから「バケダラ」という名前《なまえ》がつけられた。

バケダラはソコダラ科《か》に属《ぞく》するが、ソコダラ科《か》の仲間《なかま》がみんなこんな姿《すがた》をしているわけではない。なぜバケダラだけが、こんな妖怪《ようかい》のようになってしまったのかはなぞのままなのだ。学者《がくしゃ》の中《なか》ではこのバケダラを「進化《しんか》のはぐれもの」とする声《こえ》もあがっているようだ。

COLUMN

豆知識《まめちしき》

バケダラだけでなく バケダラモドキもいる

バケダラモドキという魚《さかな》もいる。タラ目《もく》ソコダラ科《か》バケダラ亜科《あか》に属《ぞく》する魚《さかな》で、バケダラにとても近《ちか》い仲間《なかま》だが、バケダラモドキには腹《はら》ビレがない。

QUIZ クイズ

Q. 次《つぎ》のうち タラ目《もく》でないものは？
①スケトウダラ
②ギンダラ
③スジダラ

こたえは120ページ

ピックアップ その3
ニュウドウカジカ
▶▶▶ P.148
ピックアップ その2
ダイオウグソクムシ
▶▶▶ P.140
ピックアップ その1
ホウライエソ
▶▶▶ P.122

第《だい》3章《しょう》

下《か》部《ぶ》漸《ぜん》深《しん》層《そう》

1501M - 3000M

上《じょう》部《ぶ》漸《ぜん》深《しん》層《そう》よりさらに深《ふか》い、1501m ～ 3000m 漸《ぜん》深《しん》層《そう》を下《か》部《ぶ》漸《ぜん》深《しん》層《そう》と言《い》う。この層《そう》には、サメの仲間《なかま》やクジラの仲間《なかま》などが生息《せいそく》している。海《うみ》の巨大《きょだい》なダンゴムシ、ダイオウグソクムシもここにすんでいるぞ！

西洋人《せいようじん》のような緑《みどり》のひとみ

ヨロイザメ

生息深度 | せいそくしんど

0 500 1000 1500 2000 2500 3000 (m)

レア度 ★★☆☆☆

200m〜1000m
1001m〜1500m
1501m〜3000m
3001m〜

よろいのようにかたい皮《ひ》ふを持《も》つ

超 不気味度

特大
大
中
小

こたえ ②ギンダラ　見《み》た目《め》はタラのようだが、実《じつ》はタラの仲間《なかま》ではない。

せいぶつデータ

名前《なまえ》	ヨロイザメ	種族《しゅぞく》	ヨロイザメ目《もく》ヨロイザメ科《か》
生息深度《せいそくしんど》	40～1800m	生息地《せいそくち》	世界各地《せかいかくち》
体長《たいちょう》	約《やく》1.5m	好物《こうぶつ》	魚類《ぎょるい》、こうかく類《るい》など

ヨロイザメは、パッチリとした大《おお》きな目《め》が特徴《とくちょう》のサメの仲間《なかま》だ。ひとみは美《うつく》しい緑色《みどりいろ》をしており、まるで西洋人《せいようじん》のようだ。

ヨロイザメは、その名《な》の通《とお》りよろいのようにかたい皮《ひ》ふを持《も》つ。まれに底引《そこび》きあみ漁《りょう》で水《みず》あげされるが、うかつに触《さわ》ると指《ゆび》を切《き》ってしまうこともあるので、注意《ちゅうい》がひつようだ。

アゴはそれほど大《おお》きくないが、かむ力《ちから》はとても強力《きょうりょく》だ。歯《は》は下《した》アゴの歯《は》のほうが大《おお》きく、上《うわ》アゴの歯《は》でかみついてから、下《した》アゴの歯《は》でエモノの肉《にく》を食《く》いちぎる。魚《さかな》、こうかく類《るい》、タコ、イカなど何《なん》でも食《た》べ、ときには自分《じぶん》より大《おお》きな生物《せいぶつ》をおそうこともあるのだ。

COLUMN

豆知識《まめちしき》

準絶滅危惧種《じゅんぜつめつきぐしゅ》に指定《してい》されているヨロイザメ

かつてのらんかくにより、ヨロイザメの生息数《せいそくすう》はげきげんしてしまった。現在《げんざい》は水《みず》あげされても生《い》きたまま海《うみ》に返《かえ》すが、そのほとんどは深海《しんかい》にもどる前《まえ》に死《し》んでしまう。

QUIZ クイズ

Q.ヨロイザメのあだ名《な》は？

①ゴジラザメ
②ガメラザメ
③モスラザメ

こたえは次《つぎ》のページ

KEEP OUT KEEP OUT

長《なが》いキバを持《も》つ深海《しんかい》のギャング

ホウライエソ

生息深度｜せいそくしんど

0　500　1000　1500　2000　2500　3000 (m)

レア度《ど》 ★★★☆☆

200m～1000m

1001m～1500m

1501m～3000m

3001m～

大《おお》きな口《くち》でエモノを丸《まる》のみ

こたえ　①ゴジラザメ　見《み》た目《め》が似《に》ていることから「ゴジラザメ」とよばれることもある。

せいぶつデータ

- 名前《なまえ》：ホウライエソ
- 種族《しゅぞく》：ワニトカゲギス目《もく》ワニトカゲギス科《か》
- 生息深度《せいそくしんど》：500～2800m
- 生息地《せいそくち》：世界各地《せかいかくち》の熱帯《ねったい》・温帯域《おんたいいき》
- 体長《たいちょう》：最大《さいだい》35cm
- 好物《こうぶつ》：魚類《ぎょるい》

ホウライエソのキバは、するどく、長《なが》い。個体《こたい》によっては、口《くち》におさまらないこともあるほどだ。

ただ、これだけ長《なが》いキバがあっても、口《くち》が大《おお》きく開《ひら》かなければ意味《いみ》がない。ホウライエソの口《くち》は一見《いっけん》そこまで大《おお》きくないように見《み》えるが、下《した》アゴをはずすようにしてつき出《だ》すことで、大《おお》きく開《ひら》くことができるのだ。そしてアゴがもどる力《ちから》を利用《りよう》して、エモノを丸《まる》のみしてしまう。

だがこのホウライエソ、体《からだ》はとても細《ほそ》く体長《たいちょう》も30cmほどしかない。おそろしい見《み》た目《め》から「深海《しんかい》のギャング」とよばれることもあるが、そこまでケンカが強《つよ》いというわけではないのだ。そのため、自分《じぶん》が他《ほか》の深海生物《しんかいせいぶつ》の食《しょく》料《りょう》となってしまうことも少《すく》なくない。

COLUMN

豆知識《まめちしき》

エソとホウライエソの関係《かんけい》

魚《さかな》にくわしい人《ひと》なら、エソという魚《さかな》を知《し》っているかもしれない。しかしエソはヒメ目《もく》エソ科《か》の魚《さかな》で、ホウライエソと仲間《なかま》であるわけではない。

QUIZ《クイズ》

Q.ホウライエソの目《め》の下《した》の発光器《はっこうき》の役割《やくわり》は？

①敵《てき》をおどろかせる
②とくに意味《いみ》のないかざり
③仲間《なかま》とコミュニケーションをとる

こたえは次《つぎ》のページ

KEEP OUT KEEP OUT

私《わたし》の体《からだ》は愛《あい》のすみか

カイロウドウケツ

生息深度｜せいそくしんど

0　500　1000　1500　2000　2500　3000 (m)

レア度《ど》★★★★★

200m～1000m
1001m～1500m
1501m～3000m
3001m～

体《からだ》の中《なか》で エビの夫婦《ふうふ》がくらす

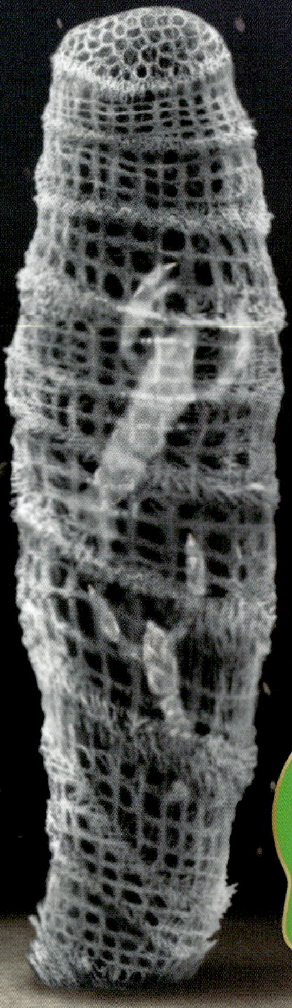

不気味度
小

こたえ　③仲間《なかま》とコミュニケーションをとる　目《め》の下《した》の小《ちい》さな発光器《はっこうき》は、仲間《なかま》や異性《いせい》とコミュニケーションをとるときに使《つか》う。

せいぶつデータ

名前《なまえ》	カイロウドウケツ	種族《しゅぞく》	散針目《さんしんもく》カイロウドウケツ科《か》
生息深度《せいそくしんど》	100〜3000m	生息地《せいそくち》	太平洋《たいへいよう》、大西洋《たいせいよう》など
体長《たいちょう》	約《やく》10〜80cm	好物《こうぶつ》	小型《こがた》プランクトン

海底《かいてい》に真《ま》っすぐ立《た》つカイロウドウケツは、海綿動物《かいめんどうぶつ》の一種《いっしゅ》だ。まるで白《しろ》いカゴのようだがれっきとした生《い》き物《もの》であり、プランクトンなどを食《た》べて生活《せいかつ》する。

そしてこのカイロウドウケツの中《なか》（胃《い》こう内《ない》）には、ドウケツエビとよばれる小《ちい》さなエビが、オスメス2ひきで仲良《なかよ》くくらしている。ドウケツエビは幼生《ようせい》の頃《ころ》にカイロウドウケツの中《なか》に入《はい》り込《こ》み、そのままマイホームにしてしまうんだ。

外敵《がいてき》からは守《まも》られるし、エサとなる有機物《ゆうきぶつ》も流《なが》れてくる。最愛《さいあい》の相手《あいて》とはぐれてしまうこともない。ドウケツエビにとって、カイロウドウケツの中《なか》は、とても快適《かいてき》な空間《くうかん》なのだ。

COLUMN

豆知識《まめちしき》

海綿動物《かいめんどうぶつ》ってどんな生《い》き物《もの》？

海綿動物《かいめんどうぶつ》は、脳《のう》も神経《しんけい》も内臓《ないぞう》も持《も》たない、とても単純《たんじゅん》な生《い》き物《もの》だ。体内《たいない》を通《とお》り抜《ぬ》ける水《みず》の中《なか》から、エモノや有機物《ゆうきぶつ》をこしとって食《た》べて生《い》きている。

QUIZ クイズ

Q.カイロウドウケツの英名《えいめい》の意味《いみ》は？

①ビーナスの花《はな》かご

②天使《てんし》のゆりかご

③幸福《こうふく》の鳥《とり》かご

こたえは次《つぎ》のページ

伝説《でんせつ》の雪男《ゆきおとこ》のようなうで毛《げ》

イエティクラブ

生息深度｜せいそくしんど

0　500　1000　1500　2000　2500　3000 (m)

レア度《ど》 ★★★☆☆

うで毛《げ》の中《なか》に細《さい》菌《きん》をすまわせる

こたえ　①ビーナスの花《はな》かご　英名《えいめい》は「Venus' Flower Basket」。ビーナスの花《はな》かごという意味《いみ》だ。

せいぶつデータ

名前《なまえ》	イエティクラブ
種族《しゅぞく》	十脚目《じっきゃくもく》キワ科《か》
生息深度《せいそくしんど》	2200～2400m
生息地《せいそくち》	南東太平洋《なんとうたいへいよう》の熱水《ねっすい》ふん出域《しゅついき》
体長《たいちょう》	約《やく》15cm
好物《こうぶつ》	細菌《さいきん》

ヒマラヤ山脈《さんみゃく》には、伝説《でんせつ》の雪男《ゆきおとこ》イエティがすむと言《い》われている。イエティの身長《しんちょう》は2mになるとも言《い》われ、全《ぜん》身《しん》は真《ま》っ白《しろ》な毛《け》でおおわれているそうだ。

イエティクラブは、そんなイエティから名前《なまえ》がついた生物《せいぶつ》だ。うでにはイエティのように真《ま》っ白《しろ》な毛《け》がビッシリと生《は》え、この毛《け》の中《なか》には細菌《さいきん》がすんでいる。イエティクラブは、この細菌《さいきん》を食《た》べていると考《かんが》えられているのだ。

イエティクラブは、この細菌《さいきん》のために300℃以上《いじょう》の熱《ねっ》水《すい》がふき出《だ》す熱水《ねっすい》ふん出域《しゅついき》にくらしている。この熱水《ねっすい》には細菌《さいきん》の栄養《えいよう》となる要素《ようそ》がふくまれており、イエティクラブはうでをふって細菌《さいきん》に栄養《えいよう》を送《おく》りこむ。言《い》うなれば、エモノを自分《じぶん》で育《そだ》てているというわけだ。

COLUMN

豆知識《まめちしき》

まだいる細菌《さいきん》をかう生物《せいぶつ》

カイレイツノナシオハラエビと言《い》うエビも、熱水《ねっすい》ふん出《しゅつ》こうの近《ちか》くにくらし、細菌《さいきん》を食《た》べる。フサフサの毛《け》はないが、体《からだ》の内側《うちがわ》に細菌《さいきん》をかっている。

QUIZ

クイズ

Q.イエティクラブは何《なに》に近《ちか》い仲間《なかま》？

①エビ

②カニ

③ヤドカリ

こたえは次《つぎ》のページ

KEEP OUT KEEP OUT

イカなのか、タコなのか

コウモリダコ

生息深度｜せいそくしんど
0 500 1000 1500 2000 2500 3000 (m)

レア度《ど》★★★★★

スカートをはいた オシャレ深海動物《しんかいどうぶつ》

こたえ ③ヤドカリ　名前《なまえ》は「クラブ（カニ）」だが、分類上《ぶんるいじょう》は ヤドカリに近《ちか》い。

せいぶつデータ

名前《なまえ》	コウモリダコ	種族《しゅぞく》	コウモリダコ目《もく》コウモリダコ科《か》
生息深度《せいそくしんど》	1000～2000m	生息地《せいそくち》	世界各地《せかいかくち》
体長《たいちょう》	約《やく》15cm	好物《こうぶつ》	小型《こがた》プランクトン、マリンスノー

　コウモリダコの英名《えいめい》は「Vampire Squid（吸血鬼《きゅうけつき》イカ）」。タコなのか？　それともイカなのか？

　実《じつ》はコウモリダコは、タコでもイカでもない、原始的《げんしてき》な生物《せいぶつ》だ。タコとイカの共通《きょうつう》の祖先《そせん》の姿《すがた》を引《ひ》きつぎ、現代《げんだい》に生《い》きていると考《かんが》えられている。

　コウモリダコのあしは全部《ぜんぶ》で10本《ぽん》。そのうち８本《ほん》は膜《まく》でつながり、スカートのようになっている。膜《まく》の裏《うら》は黒色《くろいろ》のため、このスカートを裏返《うらがえ》すと、コウモリダコは暗《くら》やみにまぎれることができる。

　残《のこ》りの２本《ほん》のあしは糸《いと》のように細長《ほそなが》く、あまり目立《めだ》たない。そのため発見当時《はっけんとうじ》はあしが８本《ほん》だと考《かんが》えられ、タコあつかいされてしまったのだ。

COLUMN

豆知識《まめちしき》

「吸血鬼《きゅうけつき》イカ」って本当《ほんとう》に血《ち》を吸《す》うの？

コウモリダコの好物《こうぶつ》は、プランクトンやマリンスノー。他《ほか》の頭足類《とうそくるい》に比《くら》べて食事《しょくじ》はかなりのどかで、実際《じっさい》にだれかの血《ち》を吸《す》うようなことはない。

QUIZ クイズ

Q.コウモリダコの細《ほそ》い２本《ほん》のあしはどれぐらいのびる？

①体長《たいちょう》の４倍《ばい》　②体長《たいちょう》の８倍《ばい》
③体長《たいちょう》の16倍《ばい》

こたえは次《つぎ》のページ

KEEP OUT KEEP OUT

ウロコのかたさは人間《にんげん》の歯《は》の２倍《ばい》

スケーリーフット

生息深度｜せいそくしんど
0　500　1000　1500　2000　2500　3000 (m)

レア度《ど》 ★★★★★

鉄《てつ》のよろいで身《み》を守《まも》る

こたえ ②体長《たいちょう》の8倍《ばい》　コウモリダコは、細《ほそ》い2本《ほん》のあしをのばして、エモノを感知《かんち》する。

せいぶつデータ

名前《なまえ》	スケーリーフット（ウロコフネタマガイ）	種族《しゅぞく》	ネオンファルス目《もく》ペルトスピリダエ科《か》
生息深度《せいそくしんど》	2420～2600m	生息地《せいそくち》	インド洋《よう》の熱水《ねっすい》ふん出域《しゅついき》
体長《たいちょう》	約《やく》3cm（から）	好物《こうぶつ》	細菌《さいきん》からの栄養《えいよう》

　スケーリーフットは、2001年《ねん》に発見《はっけん》され、2015年《ねん》に名前《なまえ》がついた深海《しんかい》のルーキーだ。スケーリーフットという名前《なまえ》には「ウロコでおおわれたあし」という意味《いみ》があり、和名《わめい》はウロコフネタマガイと言《い》う。

　英名《えいめい》にも和名《わめい》にも「ウロコ」が出《で》てくるように、スケーリーフットのあしは、りゅう化鉄《かてつ》でできたウロコでおおわれている。このウロコのかたさは、なんと人間《にんげん》の歯《は》の2倍《ばい》。一般的《いっぱんてき》な巻貝《まきがい》は敵《てき》に見《み》つかるとあしを貝《かい》がらにしまうが、スケーリーフットはこの鉄《てつ》のあしで身《み》を守《まも》る。

　言《い》ってみれば、スケーリーフットは鉄《てつ》のよろいを身《み》につけているようなものだ。こんな生物《せいぶつ》はほかに、深海《しんかい》どころか世界中《せかいじゅう》でも発見《はっけん》されていない。

COLUMN

豆知識《まめちしき》

なぜ？ 白《しろ》いスケーリーフット

黒《くろ》いスケーリーフットが見《み》つかってから9年後《ねんご》、白《しろ》いスケーリーフットが見《み》つかった。DNAは一緒《いっしょ》だったが、白《しろ》いタイプにはりゅう化鉄《かてつ》がふくまれていなかった。

QUIZ クイズ

Q. 白《しろ》いスケーリーフットを発見《はっけん》したのはどこの国《くに》の研究《けんきゅう》チーム？

①アメリカ　②中国《ちゅうごく》
③日本《にほん》

こたえは次《つぎ》のページ

KEEP OUT KEEP OUT

ほ乳《にゅう》類《るい》界《かい》のせん水《すい》チャンピオン

アカボウクジラ

生息深度｜せいそくしんど

0 500 1000 1500 2000 2500 3000 (m)

レア度《ど》 ★★★☆☆

2時《じ》間《かん》以《い》上《じょう》
もぐり続《つづ》ける

こたえ ③日本《にほん》 黒《くろ》いタイプを発見《はっけん》したのはアメリカ。白《しろ》いタイプは日本《にほん》の研究《けんきゅう》チームによって発見《はっけん》された。

せいぶつデータ

名前《なまえ》	アカボウクジラ
種族《しゅぞく》	クジラ偶蹄目《ぐうていもく》アカボウクジラ科《か》
生息深度《せいそくしんど》	0～2992m
生息地《せいそくち》	世界各地《せかいかくち》
体長《たいちょう》	約《やく》7m
好物《こうぶつ》	イカ類《るい》、魚類《ぎょるい》

アカボウクジラは、体長《たいちょう》7mほどの中型《ちゅうがた》のクジラだ。数《かず》は多《おお》くないが、世界中《せかいじゅう》の海《うみ》に生息《せいそく》し、2～7頭《とう》の群《む》れでくらしている。赤《あか》い帽子《ぼうし》をかぶっているというわけではなく、顔《かお》が赤《あか》んぼうのようであることから、こんな和《わ》名《めい》がついたようだ。

だがこのアカボウクジラ、顔《かお》は赤《あか》ちゃんでもせん水能《すいのう》力《りょく》はかなりスゴイ。アメリカでアカボウクジラの調査《ちょうさ》をしたところ、ある個体《こたい》は水深《すいしん》2992mまでもぐり、またある個体《こたい》は138分間《ふんかん》も海中《かいちゅう》にもぐり続《つづ》けたというのだ。

せん水《すい》に特化《とっか》したマッコウクジラでさえ、もぐっていられるのは最大《さいだい》90分《ぷん》ほどだ。この先《さき》、アカボウクジラの大記録《だいきろく》を破《やぶ》るほ乳類《にゅうるい》は現《あらわ》れるのだろうか。

COLUMN

豆知識《まめちしき》

なぞが多《おお》いアカボウクジラ

3000m付近《ふきん》までせん水《すい》するには、高《たか》い水圧《すいあつ》にたえられる「何《なに》か」がひつようになる。しかし、アカボウクジラがなぜこの水圧《すいあつ》にたえられるのかは、まだわかっていない。

QUIZ クイズ

Q.アカボウクジラは、欧米《おうべい》で何《なに》のようなクジラと言《い》われている？

①ヒヨコ　②ガチョウ

③ペンギン

こたえは次《つぎ》のページ

ウルトラ級《きゅう》のブンブク

ウルトラブンブク

生息深度｜せいそくしんど

0　500　1000　1500　2000　2500　3000 (m)

レア度《ど》 ★★★☆☆

海《かい》底《てい》をはいまわる

不《ぶ》気《き》味《み》度《ど》　小

こたえ　②ガチョウ　「Goose-beaked Whale（ガチョウのようなクチバシのクジラ）」という英名《えいめい》がある。

せいぶつデータ

名前《なまえ》	ウルトラブンブク
種族《しゅぞく》	ブンブク目《もく》ヘイケブンブク科《か》
生息深度《せいそくしんど》	560～1615m
生息地《せいそくち》	西太平洋《にしたいへいよう》
体長《たいちょう》	最大約《さいだいやく》20cm
好物《こうぶつ》	有機物《ゆうきぶつ》

名前《なまえ》を聞《き》くと未知《みち》の生物《せいぶつ》にも思《おも》えるが、ウルトラブンブクはウニの仲間《なかま》だ。体《からだ》はトゲにおおわれており、このトゲは生《は》えている場所《ばしょ》によって太《ふと》さや長《なが》さが異《こと》なる。

その姿《すがた》からは想像《そうぞう》しにくいが、このウルトラブンブクは意外《いがい》にも活発《かっぱつ》に動《うご》く。まるでおそうじロボットのように、トゲを動《うご》かして海底《かいてい》をはいまわるのだ。

ウルトラブンブクは、最大《さいだい》で20cmほどにもなる。他《ほか》のブンブク類《るい》は海底《かいてい》にもぐってかくれながら生活《せいかつ》するのが普通《ふつう》だが、ウルトラブンブクほどのサイズになると、目立《めだ》っても外敵《がいてき》におそわれる心配《しんぱい》が少《すく》ないのだろう。そのためどうどうと出歩《である》き、食料《しょくりょう》となる海底《かいてい》の有機物《ゆうきぶつ》を集《あつ》めることができるのだ。

COLUMN

豆知識《まめちしき》

ブンブク類《るい》の「ブンブク」って何《なに》？

「ブンブク」は、タヌキが茶《ちゃ》がまに化《ば》ける昔話《むかしばなし》『文福茶《ぶんぶくちゃ》がま』からとられている。外見《がいけん》がタヌキが化《ば》けた茶《ちゃ》がまに似《に》ているので、その名《な》がつけられた。

QUIZ《クイズ》

Q. 次《つぎ》のうち、本当《ほんとう》はいないブンブク類《るい》はどれ？

①キツネブンブク
②ライオンブンブク
③ラクダブンブク

こたえは次《つぎ》のページ

顔《かお》はこわいけど意外《いがい》とびん感《かん》

ジョルダンヒレナガチョウチンアンコウ

生息深度｜せいそくしんど

0　500　1000　1500　2000　2500　3000 (m)

レア度《ど》 ★★★★★

側《そく》線《せん》が体《からだ》から飛《と》び出《だ》す

こたえ　③ラクダブンブク　他《ほか》にもタヌキブンブクやネズミブンブクなどが存在《そんざい》する。

200m～1000m
1001m～1500m
1501m～3000m
3001m～

せいぶつデータ

名前《なまえ》	ジョルダンヒレナガチョウチンアンコウ	種族《しゅぞく》	アンコウ目《もく》ヒレナガチョウチンアンコウ科《か》
生息深度《せいそくしんど》	700〜3000m	生息地《せいそくち》	不明《ふめい》
体長《たいちょう》	約《やく》20cm（メス）	好物《こうぶつ》	不明《ふめい》

とにかく名前《なまえ》が長《なが》いジョルダンヒレナガチョウチンアンコウ。おぼえるのが大変《たいへん》だが、アメリカの魚類学者《ぎょるいがくしゃ》・ジョルダン博士《はかせ》の名《な》をもらった、ヒレの長《なが》いチョウチンアンコウだ。

だが彼《かれ》らには、長《なが》いヒレよりもよっぽど気《き》になる特徴《とくちょう》がある。それは体《からだ》から、何本《なんぼん》も飛《と》び出《だ》しているはり金《がね》のような線《せん》だ。

この線《せん》の正体《しょうたい》は、水《みず》の流《なが》れを感知《かんち》する側線《そくせん》だ。普通《ふつう》、側線《そくせん》は魚《さかな》の体《からだ》の側面《そくめん》についているものだが、彼《かれ》らの側線《そくせん》は、体《からだ》の外《そと》に飛《と》び出《だ》しまくっている。

彼《かれ》らはこの発達《はったつ》した側線《そくせん》を使《つか》い、エモノの位置《いち》を素早《すばや》く感《かん》じ取《と》っているのだろう。

COLUMN

豆知識《まめちしき》

チョウチンアンコウなのに光《ひか》らない

ヒレナガチョウチンアンコウの仲間《なかま》は、つりざおの先《さき》っぽが光《ひか》らない。他《ほか》のチョウチンアンコウとちがい、中《なか》に発光《はっこう》バクテリアがすんでいないんだ。

QUIZ

クイズ

Q.アンコウ目《もく》の仲間《なかま》は全部《ぜんぶ》で何種類《なんしゅるい》見《み》つかっている？

①約《やく》10種類《しゅるい》　②約《やく》150種類《しゅるい》
③約《やく》300種類《しゅるい》

こたえは次《つぎ》のページ

200m～1000m
1001m～1500m
1501m～3000m
3001m～

名前《なまえ》の由来《ゆらい》は天下《てんか》の大泥棒《おおどろぼう》

ゴエモンコシオリエビ

生息深度｜せいそくしんど
0　500　1000　1500　2000　2500　3000 (m)

レア度《ど》 ★★★★★

毛《け》の中《なか》の細菌《さいきん》を食《た》べて生活《せいかつ》

不気味度
大
中
小

こたえ ③約《やく》300種類《しゅるい》　食用《しょくよう》になるキアンコウ、チョウチンアンコウなど、300種類以上《しゅるいいじょう》が見《み》つかっている。

せいぶつデータ

名前《なまえ》	ゴエモンコシオリエビ	種族《しゅぞく》	十脚目《じっきゃくもく》コシオリエビ科《か》
生息深度《せいそくしんど》	700〜1600m	生息地《せいそくち》	沖縄《おきなわ》トラフの熱水《ねっすい》ふん出域《しゅついき》
体長《たいちょう》	約《やく》5cm（こうら）	好物《こうぶつ》	細菌《さいきん》

　安土桃山時代《あづちももやまじだい》、石川五右衛門《いしかわごえもん》という天下《てんか》の大泥棒《おおどろぼう》が世《よ》の中《なか》をさわがせた。石川五右衛門《いしかわごえもん》は権力者《けんりょくしゃ》しかねらわない庶民《しょみん》のヒーローだったが、最後《さいご》には豊臣秀吉《とよとみひでよし》の手下《てした》につかまり、生《い》きたまま、かまゆでされたと言《い》われている。

　ゴエモンコシオリエビは、そんな石川五右衛門《いしかわごえもん》から名《な》を受《う》けついだ深海生物《しんかいせいぶつ》だ。だれかにゆでられているわけではないが、彼《かれ》らは300度《ど》を超《こ》える熱水《ねっすい》がふき出《だ》す「熱《ねっ》水《すい》ふん出《しゅつ》こう」の近《ちか》くでくらしている。

　ゴエモンコシオリエビのフサフサの毛《け》の中《なか》には、熱水《ねっすい》にふくまれる物質《ぶっしつ》を養分《ようぶん》として増《ふ》える細菌《さいきん》がいる。そしてゴエモンコシオリエビは、この細菌《さいきん》を食《た》べて生《い》きているのだ。

COLUMN

豆知識《まめちしき》

ゴエモンコシオリエビはなぜゆだらない？

熱水《ねっすい》ふん出《しゅつ》こうはとても水温《すいおん》が高《たか》いが、10cm離《はな》れるだけで水温《すいおん》は10度《ど》ほどまで下《さ》がる。そのため、ゴエモンコシオリエビがゆだってしまうことはないのだ。

QUIZ クイズ

Q.ゴエモンコシオリエビは何《なに》に近《ちか》い仲間《なかま》？

①エビ　②カニ

③ヤドカリ

こたえは次《つぎ》のページ

深海《しんかい》にすむダンゴムシ

ダイオウグソクムシ

生息深度｜せいそくしんど

0　500　1000　1500　2000　2500　3000 (m)

レア度《ど》 ★★★☆☆

200m〜1000m

1001m〜1500m

1501m〜3000m

3001m〜

死《し》がいを食《た》べる「海《うみ》のそうじ屋《や》」

こたえ　③ヤドカリ　名前《なまえ》はエビで見《み》た目《め》はカニのようだが、分類上《ぶんるいじょう》はヤドカリに近《ちか》い。

せいぶつデータ

名前《なまえ》　ダイオウグソクムシ
種族《しゅぞく》　等脚目《とうきゃくもく》スナホリムシ科《か》
生息深度《せいそくしんど》　200～2000m
生息地《せいそくち》　メキシコ湾《わん》、大西洋《たいせいよう》、インド洋《よう》など
体長《たいちょう》　約《やく》40cm
好物《こうぶつ》　魚《さかな》などの死《し》がい

　みんなは、ダンゴムシと遊《あそ》んだことがあるだろうか。コロコロと丸《まる》まった姿《すがた》は、何《なん》ともかわいらしいものだ。ダイオウグソクムシも、ダンゴムシと同《おな》じ等脚目《とうきゃくもく》の仲間《なかま》だ。しかし体長《たいちょう》は最大《さいだい》50cmにもなり、一緒《いっしょ》に遊《あそ》ぶには、かなり勇気《ゆうき》がいる。

　等脚目《とうきゃくもく》の中《なか》では最大級《さいだいきゅう》だが、どうしてここまで大《おお》きくなったのかはなぞのままだ。ちなみに丸《まる》まることはできないが、体《からだ》の後《うし》ろに板《いた》のようなあしと尾《お》がついているため、すばやく泳《およ》ぐことができる。

　このダイオウグソクムシは、生《い》き物《もの》の死《し》がいを食《た》べてくらしている。そのため彼《かれ》らは「海《うみ》のそうじ屋《や》」ともよばれているのだ。

COLUMN

豆知識《まめちしき》

5年間《ねんかん》何《なに》も食《た》べなかった「No.1」

鳥羽水族館《とばすいぞくかん》で飼育《しいく》されていたダイオウグソクムシ「No.1」（名前《なまえ》）は、5年以上《ねんいじょう》も何《なに》も食《た》べずに生《い》き続《つづ》けた。くわしい死因《しいん》は不明《ふめい》だが、が死《し》ではなかったそうだ。

QUIZ《クイズ》

Q. 鳥羽水族館《とばすいぞくかん》の「No.1」は、5年《ねん》も絶食《ぜっしょく》した結果《けっか》どうなった？

①体《からだ》が小《ちい》さくなった
②体重《たいじゅう》が減《へ》った
③逆《ぎゃく》に体重《たいじゅう》が増《ふ》えた

こたえは次《つぎ》のページ

★じゃないヒトデ

ニホンフサトゲニチリンヒトデ

生息深度｜せいそくしんど

0　500　1000　1500　2000　2500　3000 (m)

レア度《ど》 ★★★★★

うでの数《かず》を数《かぞ》えてごらん

不《ぶ》気《き》味《み》度《ど》

特大
大
中
小

こたえ　③逆《ぎゃく》に体重《たいじゅう》が増《ふ》えた　不思議《ふしぎ》なことに、入館前《にゅうかんまえ》よりも体重《たいじゅう》が20g増《ふ》えていた。

せいぶつデータ

名前《なまえ》	ニホンフサトゲニチリンヒトデ
種族《しゅぞく》	ニチリンヒトデ目《もく》ニチリンヒトデ科《か》
生息深度《せいそくしんど》	90〜2090m
生息地《せいそくち》	日本海《にほんかい》など
体長《たいちょう》	約《やく》8cm
好物《こうぶつ》	小型生物《こがたせいぶつ》

ヒトデと聞《き》くと、頭《あたま》に「★」が思《おも》いうかぶだろう。英語《えいご》でも「Sea Star」（海《うみ》の星《ほし》）と言《い》うように、ヒトデと言《い》えば５本《ほん》うでの星形《ほしがた》というイメージだ。

ところが深海《しんかい》では、ヒトデもだいぶ様子《ようす》がちがう。深海《しんかい》ヒトデの一種《いっしゅ》であるニホンフサトゲニチリンヒトデは、うでが10本前後《ぼんぜんご》もあり、星《ほし》は星《ほし》でも太陽《たいよう》のようだ。

「10本前後《ぼんぜんご》」と書《か》いたのは、うでの本数《ほんすう》が決《き》まっていないため。あっちの子《こ》は９本《ほん》、こっちの子《こ》は12本《ほん》と、かなりアバウトなのだ。

体《からだ》の中央《ちゅうおう》が大《おお》きく盛《も》り上《あ》がっているが、口《くち》は海底面側《かいていめんがわ》についている。彼《かれ》らはかなりどん欲《よく》で、他《ほか》のヒトデを食《た》べてしまうこともあるようだ。

COLUMN

豆知識《まめちしき》

ユルヒトデ科《か》のヒマワリヒトデ

ヒマワリヒトデは最大《さいだい》１mにもなる巨大《きょだい》ヒトデ。その大《おお》きさに似《に》あわず毎分《まいふん》３mという（ヒトデの仲間《なかま》の中《なか》では）とてつもない速《はや》いスピードで移動《いどう》する。

QUIZ《クイズ》

Q.ヒトデをまっぷたつにするとどうなる？

①死《し》んでしまう

②片方《かたほう》だけが生《い》き残《のこ》る

③両方《りょうほう》生《い》き残《のこ》る

こたえは次《つぎ》のページ

200m〜1000m
1001m〜1500m
1501m〜3000m
3001m〜

真《しん》の「ダイオウ」はどっちだ!?

ダイオウホウズキイカ

生息深度｜せいそくしんど

0 500 1000 1500 2000 2500 3000 (m)

レア度《ど》 ★★★★★

ダイオウイカに
並《なら》ぶ世《せ》界《かい》最《さい》大《だい》級《きゅう》のイカ

こたえ ③両方《りょうほう》生《い》き残《のこ》る　ヒトデ類《るい》は再生能力《さいせいのうりょく》がとても強《つよ》い。まっぷたつにしても再生《さいせい》し、2ひきのヒトデとなる。

せいぶつデータ

名前《なまえ》 ダイオウホウズキイカ	種族《しゅぞく》 ツツイカ目《もく》サメハダホウズキイカ科《か》
生息深度《せいそくしんど》 2000m付近《ふきん》	生息地《せいそくち》 南極海《なんきょくかい》
体長《たいちょう》 約《やく》4.5m	好物《こうぶつ》 魚類《ぎょるい》

　深海《しんかい》には、ダイオウイカと並《なら》び「世界最大級《せかいさいだいきゅう》」と称《しょう》される巨大《きょだい》なイカがいる。同《おな》じく名前《なまえ》に「大王《だいおう》」とつく、ダイオウホウズキイカだ。

　ダイオウホウズキイカの体重《たいじゅう》は500kgにもなる。発見《はっけん》例《れい》が少《すく》ないためはっきりとは言《い》えないが、ダイオウイカ以上《いじょう》に巨大《きょだい》なイカである可能性《かのうせい》もあるのだ。

　ダイオウホウズキイカの吸《きゅう》ばんはかぎづめ状《じょう》になっており、このかぎづめを使《つか》ってエモノとなる魚《さかな》をとらえる。これだけの巨体《きょたい》となると、食《た》べる量《りょう》もハンパじゃない……と思《おも》いきや、ダイオウホウズキイカはかなりの小食《しょうしょく》であると考《かんが》えられている。5kgの魚《さかな》を1ぴき食《た》べるだけで、200日間《にちかん》も生《い》きのびられると言《い》われているのだ。

COLUMN

豆知識《まめちしき》

天敵《てんてき》はやっぱりアイツ

マッコウクジラの胃《い》の中《なか》から、ダイオウホウズキイカが見《み》つかっている。マッコウクジラは、ダイオウイカだけでなく、ダイオウホウズキイカにとっても天敵《てんてき》なのだ。

QUIZ
クイズ

Q. 世界最小《せかいさいしょう》のイカは何《なん》cm？

①2cm　②5cm
③10cm

こたえは次《つぎ》のページ

何《なに》も食《た》べなくても平気《へいき》

ガラパゴスハオリムシ

生息深度｜せいそくしんど

0 500 1000 1500 2000 2500 3000 (m)

レア度《ど》 ★★★☆☆

200m～1000m / 1001m～1500m / 1501m～3000m / 3001m～

細菌《さいきん》と共同生活《きょうどうせいかつ》

不《ぶ》気《き》味《み》度《ど》：特大／大／中／小

こたえ ①2cm 体長《たいちょう》2cmほどのヒメイカが世界最小《せかいさいしょう》のイカとされている。

せいぶつデータ

- 名前《なまえ》 ガラパゴスハオリムシ
- 種族《しゅぞく》 ケヤリムシ目《もく》シボグリヌム科《か》
- 生息深度《せいそくしんど》 2000〜2670m
- 生息地《せいそくち》 東太平洋《ひがしたいへいよう》の熱水《ねっすい》ふん出域《しゅついき》
- 体長《たいちょう》 約《やく》3m
- 好物《こうぶつ》 細菌《さいきん》からの栄養《えいよう》

ガラパゴスハオリムシは、ガラパゴス諸島《しょとう》おきで発見《はっけん》されたゴカイの仲間《なかま》だ。赤《あか》い部分《ぶぶん》はエラで、白《しろ》く長《なが》い部《ぶ》分《ぶん》が巣《す》。この巣《す》の中《なか》に、栄養体《えいようたい》というやわらかい体《からだ》が入《はい》っている。簡単《かんたん》に言《い》ってしまえば、管《くだ》に入《はい》ったミミズのような生《い》き物《もの》なのである。

しかしガラパゴスハオリムシには、口《くち》も消化器《しょうかき》も肛門《こうもん》もない。動物《どうぶつ》なのに、何《なに》も食《た》べずに生《い》きているのだ。

ガラパゴスハオリムシの体内《たいない》にはたくさんの細菌《さいきん》がすみ、彼《かれ》らはその細菌《さいきん》たちから栄養《えいよう》をもらっている。熱水《ねっすい》のそばに生息《せいそく》しているのは、細菌《さいきん》たちが熱水《ねっすい》にふくまれる成分《せいぶん》（りゅう化水素《かすいそ》）を利用《りよう》して、栄養《えいよう》を作《つく》り出《だ》しているからなのだ。

COLUMN

豆知識《まめちしき》

まるで光合成《こうごうせい》！ 細菌《さいきん》が栄養《えいよう》を作《つく》るしくみ

ガラパゴスハオリムシの体内《たいない》にいる細菌《さいきん》は、りゅう化水素《かすいそ》と水中《すいちゅう》の酸素《さんそ》を化学反応《かがくはんのう》させ、そのときに発生《はっせい》するエネルギーを使《つか》って、二《に》酸化炭素《さんかたんそ》から栄養《えいよう》を作《つく》る。

QUIZ クイズ

Q.ハオリムシを漢字《かんじ》で書《か》くと？

①羽織虫

②歯折り虫

③羽尾離虫

こたえは次《つぎ》のページ

そこまで言《い》わなくても

ニュウドウカジカ

生息深度｜せいそくしんど

0 500 1000 1500 2000 2500 3000 (m)

レア度《ど》 ★★★☆☆

世《せ》界《かい》一《いち》みにくい!?深《しん》海《かい》魚《ぎょ》

陸《りく》にあがったとき

200m〜1000m
1001m〜1500m
1501m〜3000m
3001m〜

こたえ ①羽織虫《はおりむし》 エラの下《した》の部分《ぶぶん》が、羽織《はおり》のようであることから。

せいぶつデータ

名前《なまえ》	ニュウドウカジカ	種族《しゅぞく》	スズキ目《もく》ウラナイカジカ科《か》
生息深度《せいそくしんど》	800～2800m	生息地《せいそくち》	オホーツク海《かい》、北太平洋《きたたいへいよう》など
体長《たいちょう》	約《やく》60cm	好物《こうぶつ》	小型生物《こがたせいぶつ》

　ニュウドウカジカは、オタマジャクシのような体型《たいけい》をした大型《おおがた》の深海魚《しんかいぎょ》だ。エネルギーをムダにしないように、ほとんどの時間《じかん》を海底《かいてい》でジッとしてすごす。体《からだ》は大《おお》きいものの、あまり目立《めだ》った存在《そんざい》ではないのだ。

　だがニュウドウカジカは、陸《りく》にあがったとたん、みんなの視線《しせん》をひとりじめする。体《からだ》がペッチャンコになり、まるでおじさんの顔《かお》のようになってしまうのだ。鼻《はな》があるように見《み》えるのは、頭《あたま》が垂《た》れ下《さ》がってしまうためだ。

　このニュウドウカジカは、イギリスの「みにくい動物《どうぶつ》保存協会《ほぞんきょうかい》」によって、世界一《せかいいち》みにくい動物《どうぶつ》に選《えら》ばれたそうだ。まずその協会《きょうかい》が何《なん》なのかくわしく聞《き》きたいところだが、何《なん》とも気《き》の毒《どく》な話《はなし》だ。

COLUMN

豆《まめ》知《ち》識《しき》

なんで体《からだ》がペッチャンコになるの？

陸《りく》にあがったニュウドウカジカがペッチャンコになってしまうのは、体《からだ》のほとんどが水分《すいぶん》のため。ニュウドウカジカは筋肉《きんにく》をへらし、省《しょう》エネ生活《せいかつ》をしている。

QUIZ《クイズ》

Q.ニュウドウカジカの「ニュウドウ」はどんな意味《いみ》？

①お坊《ぼう》さん　②神様《かみさま》

③お寺《てら》

こたえは次《つぎ》のページ

しゆう同体《どうたい》の動物《どうぶつ》プランクトン

キタヤムシ

生息深度 | せいそくしんど

0 500 1000 1500 2000 2500 3000 (m)

レア度《ど》 ★★★★★

200m～1000m
1001m～1500m
1501m～3000m
3001m～

メスでもあり オスでもある

こたえ ①お坊《ぼう》さん 漢字《かんじ》で「入道《にゅうどう》」。お坊《ぼう》さんのような頭《あたま》であることから、ニュウドウカジカの名《な》がついたようだ。

せいぶつデータ

名前《なまえ》	キタヤムシ
種族《しゅぞく》	無膜筋目《むまくきんもく》ヤムシ科《か》
生息深度《せいそくしんど》	表層《ひょうそう》～2000m以深《いしん》
生息地《せいそくち》	北太平洋《きたたいへいよう》など
体長《たいちょう》	約《やく》4cm
好物《こうぶつ》	小型《こがた》のプランクトン

　キタヤムシは、毛《もう》がく動物《どうぶつ》とよばれる動物《どうぶつ》プランクトンの一種《いっしゅ》だ。「ヤムシ」という名前《なまえ》は、まるで矢《や》のように真《ま》っすぐ泳《およ》ぐことからつけられた。

　このキタヤムシをふくめたヤムシの仲間《なかま》には、オスとメスの区別《くべつ》がない。「しゆう同体《どうたい》」という体《からだ》で、1つの個体《こたい》がオスの役割《やくわり》もメスの役割《やくわり》も持《も》っているのだ。

　一般的《いっぱんてき》な生物《せいぶつ》は、オスとメスが出会《であ》わなければ子孫《しそん》を残《のこ》せない。だがオスでもありメスでもあるキタヤムシなら、同《おな》じ種《しゅ》に出会《であ》えればOKだ。キタヤムシとキタヤムシが出会《であ》ったら、それぞれが精子《せいし》をわたし合《あ》い、それぞれが卵《たまご》を産《う》む。めったに異性《いせい》と出会《であ》えない深海《しんかい》では、しゆう同体《どうたい》のほうが子孫《しそん》を残《のこ》しやすいのだ。

COLUMN

豆知識《まめちしき》

しゆう同体《どうたい》の深海生物《しんかいせいぶつ》

ミズウオ、チョウチンハダカ、ボウエンギョなどもしゆう同体《どうたい》。深海《しんかい》には、しゆう同体《どうたい》の生物《せいぶつ》が多《おお》いのだ。

QUIZ クイズ

Q. 次《つぎ》のうち、しゆう同体《どうたい》の陸《りく》の生物《せいぶつ》は？

①カタツムリ
②テントウムシ
③キリギリス

こたえは次《つぎ》のページ

世界最大《せかいさいだい》の歯《は》がある動物《どうぶつ》

マッコウクジラ

生息深度｜せいそくしんど

0　500　1000　1500　2000　2500　3000 (m)

レア度《ど》 ★★★☆☆

200m〜1000m

1001m〜1500m

1501m〜3000m

3001m〜

一生《いっしょう》の3分《ぶん》の2を深海《しんかい》ですごす

こたえ ①カタツムリ　他《ほか》にもミミズなどがしゆう同体《どうたい》として知《し》られている。

せいぶつデータ

名前《なまえ》 マッコウクジラ	種族《しゅぞく》 クジラ偶蹄目《ぐうていもく》マッコウクジラ科《か》
生息深度《せいそくしんど》 0〜3000m	生息地《せいそくち》 世界各地《せかいかくち》
体長《たいちょう》 約《やく》18m（オス）	好物《こうぶつ》 イカ類《るい》、魚類《ぎょるい》

　マッコウクジラのオスは、最大《さいだい》で50t《トン》にもなる。シロナガスクジラよりは小《ちい》さいものの、歯《は》がある動物《どうぶつ》としては世界最大《せかいさいだい》の大《おお》きさだ。

　マッコウクジラは、一生《いっしょう》の３分《ぶん》の２を深海《しんかい》ですごすと言《い》われている。ほ乳類《にゅうるい》なので水中《すいちゅう》では息《いき》ができないが、酸素《さんそ》を筋肉《きんにく》にたくわえておくことができるので、１時間《じかん》以上《いじょう》ももぐり続《つづ》けられるのだ。またもぐるスピードも速《はや》く、約《やく》10分《ぶん》で水深《すいしん》1000mまでたどり着《つ》けると考《かんが》えられている。

　四角《しかく》い頭《あたま》からは、クリック音《おん》という大《おお》きな音《おと》が出《で》る。この音《おと》がエモノに反射《はんしゃ》するのを感《かん》じとり、エモノの位置《いち》をつかんでいるのだ。

COLUMN

豆知識《まめちしき》

ダイオウイカとマッコウクジラの関係《かんけい》

よくライバルあつかいされる両者《りょうしゃ》だが、実際《じっさい》はマッコウクジラのほうがずっと強《つよ》い。ダイオウイカは、マッコウクジラの皮《ひ》ふを傷《きず》つけるのが精一杯《せいいっぱい》なのだ。

QUIZ クイズ

Q.マッコウクジラの天敵《てんてき》は？

①タコ　②シャチ

③いない

こたえは次《つぎ》のページ

深海《しんかい》のハエトリグサ

クラゲイソギンチャクの仲《なか》間《ま》

生息深度｜せいそくしんど

0　500　1000　1500　2000　2500　3000 (m)

レア度《ど》 ★★★☆☆

どこかで見《み》たこの姿《すがた》

こたえ　②シャチ　群《む》れでおそわれると、さすがのマッコウクジラでもやられてしまうことがある。

せいぶつデータ

名前《なまえ》	クラゲイソギンチャクの仲間《なかま》	種族《しゅぞく》	イソギンチャク目《もく》クラゲイソギンチャク科《か》
生息深度《せいそくしんど》	650〜2000m	生息地《せいそくち》	メキシコ湾《わん》、日本近海《にほんきんかい》
体長《たいちょう》	約《やく》30cm	好物《こうぶつ》	魚類《ぎょるい》、こうかく類《るい》

陸《りく》の世界《せかい》に存在《そんざい》する「ハエトリグサ」や「ハエジゴク」と呼《よ》ばれる食虫植物《しょくちゅうしょくぶつ》をしっているだろうか。このハエトリグサは口のような２枚《まい》の葉《は》で、近《ちか》づいてきた虫《むし》をパクリと食《た》べてしまう。

こちらのクラゲイソギンチャクの仲間《なかま》は、ハエトリグサに似《に》ていることから「ハエジゴクイソギンチャク」とも呼《よ》ばれている。大《おお》きな口《くち》を広《ひろ》げエモノを待《ま》ち、エモノが触手《しょくしゅ》に触《ふ》れたら口《くち》を閉《と》じて食《た》べる。まさにハエトリグサのようだ。ただハエトリグサは緑色《みどりいろ》だが、ハエジゴクイソギンチャクは赤色《あかいろ》。植物《しょくぶつ》ではないハエジゴクイソギンチャクは光合成《こうごうせい》をしないので、緑色《みどりいろ》の色素《しきそ》がない。そこで深海《しんかい》で目立《めだ》たないため、赤色《あかいろ》をしているのだ。

COLUMN

豆知識《まめちしき》

エモノをつかまえた後《あと》は

エモノをつかまえたハエトリグサは、消化液《しょうかえき》でゆっくり溶《と》かし、吸収《きゅうしゅう》していく。一方《いっぽう》ハエジゴクイソギンチャクは、毒《どく》を注入《ちゅうにゅう》してエモノを食《た》べる。

QUIZ クイズ

Q. 次《つぎ》のうち、実在《じつざい》するものはどれ？

①ウメボシイソギンチャク
②ナットウイソギンチャク
③トウフイソギンチャク

こたえは160ページ

COLUMN
コラム

▶オオクチホシエソ。生息深度《せいそくしんど》は900〜3900m

人類《じんるい》の深海《しんかい》へのチャレンジ

人類《じんるい》の深海《しんかい》へのチャレンジは、紀元前《きげんぜん》からすでに始《はじ》まっていた。かの有名《ゆうめい》なマケドニア王《おう》、アレクサンダー大王《だいおう》が、船《ふね》につながれたガラスのたるに入《はい》り、海《うみ》の中《なか》にもぐったという記録《きろく》が残《のこ》されているのだ。

それからずっと後《あと》の17世紀頃《せいきころ》には、ダイビングベルという実用的《じつようてき》な有人《ゆうじん》せん水《すい》そうちが開発《かいはつ》された。このダイビングベルは、管《くだ》から空気《くうき》が送《おく》られる仕組《しく》みになっており、長時間《ちょうじかん》水中《すいちゅう》にもぐることができた。しかしそれでも、もぐれたのはわずか20mほど。深海《しんかい》にはまだまだ届《とど》かない。

本格的《ほんかくてき》に深海《しんかい》までもぐれるようになったのは、20世紀《せいき》に入《はい》ってからだ。1929年《ねん》には、200mまでもぐれる日本《にほん》のせん水《すい》てい「西村式豆《にしむらしきまめ》せん水《すい》てい」が登場《とうじょう》。1948年《ねん》には、ケーブルなしで活動《かつどう》できるバチスカーフが開発《かいはつ》された。深海《しんかい》を目《め》指《ざ》す時代《じだい》は終《お》わり、深海《しんかい》を調《しら》べる時代《じだい》がやってきたのだ。

そして1960年《ねん》、アメリカの「トリエステ号《ごう》」が、マリアナ海《かい》こうの最深部《さいしんぶ》へ到達《とうたつ》。ついに世界一深《せかいいちふか》い海《うみ》の底《そこ》に、人類《じんるい》

深海《しんかい》を調査《ちょうさ》する日本《にほん》の有人《ゆうじん》せん水調査船《すいちょうさせん》「しんかい6500」

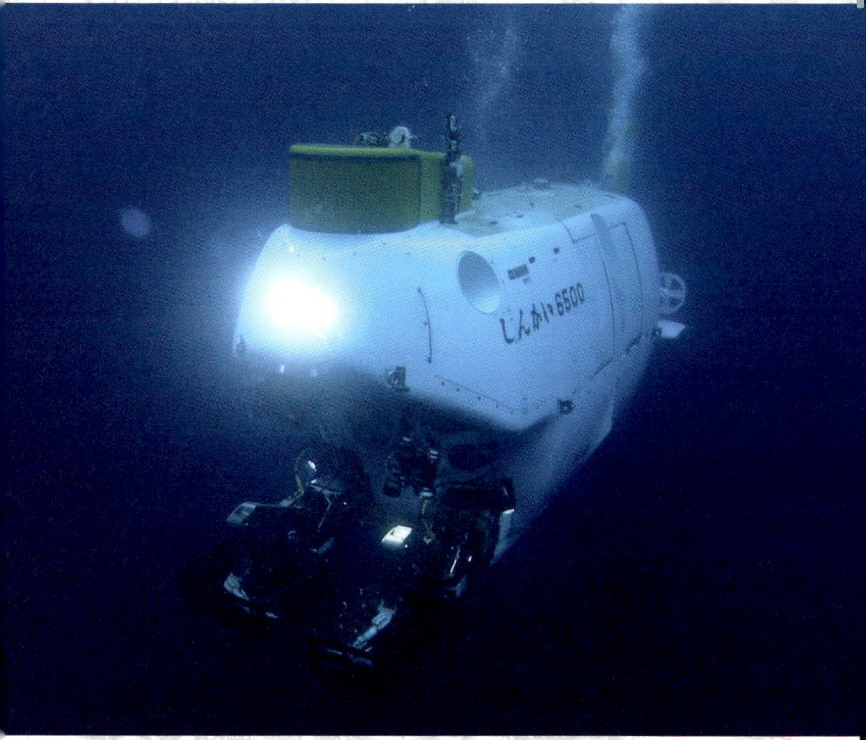

©JAMSTEC

がたどり着《つ》いた。

日本《にほん》には、6500mの深《ふか》さまでもぐることができる「しんかい6500」という有人《ゆうじん》せん水調査船《すいちょうさせん》がある。その活動範囲《かつどうはんい》は日本近海《にほんきんかい》だけでなく、太平洋《たいへいよう》やインド洋《よう》、大西洋《たいせいよう》までおよび、これまでに1500回《かい》をこえるせん航《こう》をしてきた。「しんかい6500」による深海調査《しんかいちょうさ》は、生物《せいぶつ》の進化《しんか》の解明《かいめい》、地球内部《ちきゅうないぶ》の動《うご》き、地球環境《ちきゅうかんきょう》の歴史《れきし》を理解《りかい》するのに役立《やくだ》っているのだ。

ABYSSOPELAGIC & HADOPELAGIC

第《だい》4章《しょう》

深《しん》海《かい》層《そう》・超《ちょう》深《しん》海《かい》層《そう》

3001M～

水深《すいしん》3001 m ～ 6000 m を深海層《しんかいそう》、6000 m 以上《いじょう》の深《ふか》い部分《ぶぶん》を超深海層《ちょうしんかいそう》と言《い》う。こんな真《ま》っ暗《くら》で水圧《すいあつ》の高《たか》いところにでさえ、生物《せいぶつ》は存在《そんざい》する！　深《ふか》い海《うみ》の底《そこ》にいる生《い》き物《もの》たちのおどろきの姿《すがた》を見《み》てみよう！

KEEP OUT　KEEP OUT

自分《じぶん》にしか見《み》えない光《ひかり》

オオクチホシエソ

生息深度｜せいそくしんど

0　500　1000　2500　3000　3500　4000 (m)

レア度《ど》 ★★★☆☆

赤《あか》と白《しろ》の光《ひかり》を使《つか》い分《わ》ける

こたえ　**①ウメボシイソギンチャク**　真《ま》っ赤《か》な触手《しょくしゅ》をすぼめると、まるでウメボシのように見《み》える。

せいぶつデータ

名前《なまえ》	オオクチホシエソ	種族《しゅぞく》	ワニトカゲギス目《もく》ワニトカゲギス科《か》
生息深度《せいそくしんど》	900～3900m	生息地《せいそくち》	世界各地《せかいかくち》
体長《たいちょう》	約《やく》26cm	好物《こうぶつ》	魚類《ぎょるい》

オオクチホシエソは、目《め》の下《した》と目《め》の後《うし》ろに発光器《はっこうき》を持《も》っている。目《め》の下《した》の発光器《はっこうき》からは赤《あか》、目《め》の後《うし》ろの発光器《はっこうき》からは白《しろ》い光《ひかり》を出《だ》すことができ、オオクチホシエソは、この2色《しょく》の光《ひかり》を使《つか》い分《わ》けているのだ。

深海《しんかい》で青《あお》や緑《みどり》の魚《さかな》を見《み》つけるのに役立《やくだ》つこの赤《あか》い光《ひかり》は特別《とくべつ》だ。深海《しんかい》には赤《あか》い光《ひかり》がほとんど届《とど》かないため、多《おお》くの深海生物《しんかいせいぶつ》は、赤《あか》い色《いろ》を感《かん》じられる目《め》を持《も》っていないと言《い》われている。つまりこの赤《あか》い光《ひかり》は、オオクチホシエソには見《み》えていても、まわりの生物《せいぶつ》には見《み》えないのだ。

オオクチホシエソは、このオンリーワンの光《ひかり》を使《つか》ってエモノをさがす。エモノはもちろん天敵《てんてき》にも見《み》えないので、ノビノビとかりをすることができるのだ。

COLUMN

豆知識《まめちしき》

白《しろ》い光《ひかり》は深海《しんかい》をてらすライト

白《しろ》い光《ひかり》を発《はっ》する生物《せいぶつ》は少《すく》なくない。白《しろ》い光《ひかり》は、深海《しんかい》で遠《とお》くまで届《とど》くため、まわりを見《み》わたすために使《つか》われるのだ。一方《いっぽう》赤《あか》い光《ひかり》は、遠《とお》くをてらすのには向《む》いていない。

QUIZ クイズ

Q.この中《なか》で、深海《しんかい》で最《もっと》も見《み》えやすい色《いろ》は？

①黄色《きいろ》
②オレンジ色《いろ》
③青色《あおいろ》

こたえは次《つぎ》のページ

KEEP OUT KEEP OUT

ナマコなのに泳《およ》ぎが得意《とくい》

ユメナマコ

生息深度｜せいそくしんど
0 500 1000 4500 5000 5500 6000 (m)

レア度 ★★★★★

泳《およ》いで食《た》べて
食《た》べて泳《およ》いで

こたえ ③青色《あおいろ》 オレンジ色《いろ》や黄色《きいろ》の光《ひかり》に比《くら》べ、青《あお》の光《ひかり》は海《うみ》の深《ふか》くまで届《とど》く。

せいぶつデータ

名前《なまえ》	ユメナマコ	種族《しゅぞく》	板足目《ばんそくもく》クラゲナマコ科《か》
生息深度《せいそくしんど》	300～6000m	生息地《せいそくち》	太平洋《たいへいよう》
体長《たいちょう》	約《やく》20cm	好物《こうぶつ》	有機物《ゆうきぶつ》

浅《あさ》い海《うみ》にすむナマコたちは、海底《かいてい》をはって生活《せいかつ》している。海底《かいてい》のどろの中《なか》にすむ有機物《ゆうきぶつ》を栄養《えいよう》にしているので、泳《およ》がなくても生《い》きていけるのだ。

ところが深海《しんかい》のナマコは、そうも言《い》っていられない。深海《しんかい》のどろは有機物《ゆうきぶつ》が少《すく》なく、ただ海底《かいてい》をはいまわっているだけでは、生《い》きていくのが難《むずか》しいのだ。

そのため深海《しんかい》には、泳《およ》げるナマコがたくさんいる。中《なか》でもユメナマコは泳《およ》ぐのが得意《とくい》で、海底《かいてい》にいるよりも、泳《およ》いでいる時間《じかん》のほうがずっと長《なが》い。

食事《しょくじ》は海底《かいてい》でするが、あっという間《ま》に食《た》べ終《お》わってしまう。そして食事《しょくじ》を終《お》えると、次《つぎ》の食事場《しょくじば》を探《さが》すため、またゆうがに泳《およ》ぎ出《だ》すのだ。

COLUMN

豆知識《まめちしき》

深海《しんかい》の泳《およ》げるナマコ

深海《しんかい》にすむウカレウシナマコも、ユメナマコのように泳《およ》ぐナマコだ。泳《およ》ぐ姿《すがた》がまるでうかれているように見《み》えることから、こんな名前《なまえ》がつけられた。

QUIZ クイズ

Q.ユメナマコの体色《たいしょく》は成長《せいちょう》するにつれどうなる？

①こくなる

②変《か》わらない

③うすくなる

こたえは次《つぎ》のページ

見《み》るよりも感《かん》じることを選《えら》んだ魚《さかな》

チョウチンハダカ

生息深度｜せいそくしんど

0　500　1000　1500　3500　4000　4500 (m)

レア度《ど》 ★★★☆☆

目《め》のようで目《め》じゃない

不《ぶ》気《き》味《み》度《ど》

大
中
小

こたえ ①こくなる　成長《せいちょう》するにつれ、こいワインレッド色《いろ》に変化《へんか》する。

せいぶつデータ

名前《なまえ》	チョウチンハダカ	種族《しゅぞく》	ヒメ目《もく》チョウチンハダカ科《か》
生息深度《せいそくしんど》	1500〜3500m	生息地《せいそくち》	太平洋《たいへいよう》、大西洋《たいせいよう》など
体長《たいちょう》	約《やく》13cm	好物《こうぶつ》	こうかく類《るい》

光《ひかり》が届《とど》かない深海《しんかい》では、目《め》が退化《たいか》してしまっているものもたくさんいる。このチョウチンハダカにしても、子《こ》どもの頃《ころ》は目《め》がついているが、大人《おとな》になるとその目《め》はなくなってしまう。

「いや、目《め》あるじゃん！」と言《い》いたくなるが、これは目《め》ではなく、もう膜《まく》という平《たい》らな膜《まく》だ。チョウチンハダカは、このもう膜《まく》によって光《ひかり》を感《かん》じとる。目《め》がなくても、近《ちか》くに発光《はっこう》する生物《せいぶつ》がいることがわかるのだ。

しかしいくら真《ま》っ暗《くら》な深海《しんかい》とはいえ、子《こ》どもの頃《ころ》にあった目《め》をなくしてしまうとは、思《おも》い切《き》ったことをするものだ。彼《かれ》らにとって目《め》がなくなることは、退化《たいか》ではなく、進化《しんか》と言《い》えるのかもしれない。

COLUMN

豆知識《まめちしき》

退化《たいか》させるものと進化《しんか》させるもの

深海《しんかい》には目《め》が退化《たいか》したものが多《おお》いが、中《なか》にはわずかな光《ひかり》をたよりに、目《め》を大《おお》きく進化《しんか》させたものもいる。ギガントキプリスは、その一種《いっしゅ》と言《い》えるだろう。

QUIZ《クイズ》

Q．深海《しんかい》にすむカリフォルニアシラタマイカの目《め》の特徴《とくちょう》は？

①左右《さゆう》で大きさがちがう
②左右《さゆう》でついている場所《ばしょ》がちがう
③片方《かたほう》しか目《め》がない

こたえは次《つぎ》のページ

不思議《ふしぎ》な姿《すがた》の肉食《にくしょく》カイメン

タテゴトカイメン

生息深度｜せいそくしんど

0　500　1000　1500　3500　4000　4500 (m)

レア度《ど》 ★★★★★

200m～1000m
1001m～1500m
1501m～3000m
3001m～

流《なが》れてくる
エモノを
ジッと待《ま》つ

不《ぶ》気《き》味《み》度《ど》

大
中
小

こたえ ①左右《さゆう》で大《おお》きさがちがう　いつも一方《いっぽう》の目《め》を上《うえ》にして泳《およ》ぎ、エモノをさがす上側《うわがわ》の目《め》だけが大《おお》きく発達《はったつ》している。

せいぶつデータ

名前《なまえ》	タテゴトカイメン	種族《しゅぞく》	多骨海綿目《たこつかいめんもく》エダネカイメン科《か》
生息深度《せいそくしんど》	3300～3500m	生息地《せいそくち》	北《きた》カリフォルニア沖《おき》
体長《たいちょう》	約《やく》36cm	好物《こうぶつ》	こうかく類《るい》

タテゴトカイメンは、その名《な》からもわかる通《とお》り海綿動物《かいめんどうぶつ》の一種《いっしゅ》だ。124ページに登場《とうじょう》するカイロウドウケツも印象的《いんしょうてき》な姿《すがた》だが、このタテゴトカイメンのインパクトもかなりすさまじい。

根《ね》のような部分《ぶぶん》から、垂直《すいちょく》に生《は》えた白《しろ》い枝《えだ》。枝《えだ》の先《さき》っぽは、何《なに》やら丸《まる》い形《かたち》になっている。今後《こんご》、綿棒《めんぼう》を見《み》るたびに、彼《かれ》らのことを思《おも》い出《だ》してしまいそうだ。

タテゴトカイメンは、肉食《にくしょく》のカイメンであることがわかっている。よくよく観察《かんさつ》してみると枝全体《えだぜんたい》が細《こま》かいトゲ状《じょう》になっており、これを使《つか》って小《ちい》さなエビなどをつかまえるのだ。つかまったエモノは、うすい膜《まく》でつつみこまれ、そのままゆっくりと消化《しょうか》されてしまうぞ。

COLUMN

豆知識《まめちしき》

ハープのような タテゴトカイメン

タテゴトカイメンという名《な》は、楽器《がっき》のハープ（たて琴《ごと》）に似《に》ていることからつけられた。ちなみに三角形《さんかっけい》の羽根《はね》の数《かず》は、個体《こたい》によってちがうようだ。

QUIZ クイズ

Q. 次《つぎ》のうち、実在《じつざい》しない生物《せいぶつ》は？

①シャミセンガイ

②ラッパウニ

③ピアノエビ

こたえは次《つぎ》のページ

200m〜1000m
1001m〜1500m
1501m〜3000m
3001m〜

意外《いがい》なギャップの持《も》ち主《ぬし》

オニキンメ

生息深度 | せいそくしんど

0 — 500 — 1000 — 3500 — 4000 — 4500 — 5000 (m)

レア度《ど》 ★★★☆☆

キバが長《なが》すぎて
口《くち》が閉《と》じられない

超
不気味度《ぶきみど》
特大
大
中
小

こたえ ③ピアノエビ　ちなみにエイの一種《いっしゅ》であるサカタザメには、「ギターフィッシュ」という英名《えいめい》がある。

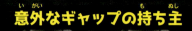

せいぶつデータ

名前《なまえ》	オニキンメ	種族《しゅぞく》	キンメダイ目《もく》オニキンメ科《か》
生息深度《せいそくしんど》	600～5000m	生息地《せいそくち》	太平洋《たいへいよう》、大西洋《たいせいよう》など
体長《たいちょう》	約《やく》15cm	好物《こうぶつ》	魚類《ぎょるい》

一《ひと》目《め》見《み》てわかるように、オニキンメはとてもおそろしいキバを持《も》っている。彼《かれ》らがいつも口《くち》を開《あ》けているのは、キバを自《じ》まんしているわけではなく、キバが長《なが》すぎて口《くち》を閉《と》じられないからなのだ。

頭《あたま》がデコボコしているのは、骨《ほね》がうかびあがっているためだ。まるで戦《たたか》いでつけられた無数《むすう》の傷《きず》あとのようにも見《み》え、これまたおそろしい。

しかしそんなオニキンメだが、体長《たいちょう》は15cmほどにしかならない。こんないかつい見《み》た目《め》なのに、実《じつ》はスマートフォンと同《おな》じようなサイズなのだ。

しかもオニキンメは、泳《およ》ぐ姿《すがた》もかわいらしい。胸《むな》ビレを上下《じょうげ》にパタパタさせて、一生《いっしょう》けんめい泳《およ》ぐぞ。

COLUMN

豆《まめ》知《ち》識《しき》 キンメダイはタイじゃない

オニキンメはキンメダイ目《もく》の魚《さかな》。キンメダイといえば高級食材《こうきゅうしょくざい》としてもおなじみだが、スズキ目《もく》のマダイやクロダイとはちがうグループなのだ。

QUIZ クイズ

Q.オニキンメという名前《なまえ》がついた理由《りゆう》は？
①鬼《おに》のようにこわいから
②角《つの》が生《は》えるから
③体《からだ》が赤《あか》いから

こたえは次《つぎ》のページ

KEEP OUT KEEP OUT

深海《しんかい》のデカ～い生物《せいぶつ》

ソコボウズ

生息深度 | せいそくしんど

0　500　1000　3500　4000　4500　5000 (m)

レア度《ど》 ★★★☆☆

200m～1000m

1001m～1500m

1501m～3000m

3001m～

大きな体《からだ》で死《し》がいを食《た》べる

不気味度

中

小

こたえ　②角《つの》が生《は》えるから　子《こ》どものオニキンメの頭《あたま》には、角《つの》のようなものが生《は》えている。

せいぶつデータ

名前《なまえ》	ソコボウズ	種族《しゅぞく》	アシロ目《もく》アシロ科《か》
生息深度《せいそくしんど》	800〜4500m	生息地《せいそくち》	日本近海《にほんきんかい》、太平洋《たいへいよう》、大西洋《たいせいよう》など
体長《たいちょう》	約《やく》1.5m	好物《こうぶつ》	生物《せいぶつ》の死《し》がい

ソコボウズは、お寺《てら》のお坊《ぼう》さんのようにツルリとした頭《あたま》をしている。海底《かいてい》にすむ坊主《ぼうず》だからソコボウズ、というわけだ。

ソコボウズの体長《たいちょう》は、最大《さいだい》2mにもなる。水深《すいしん》3000m以深《いしん》にくらす生物《せいぶつ》としては、かなりの大《おお》きさだ。

ソコボウズは主《おも》に、上《うえ》から落《お》ちてくる生物《せいぶつ》の死《し》がいを食《た》べている。もし死《し》がいに他《ほか》の生物《せいぶつ》が群《むら》がっていても、この体《からだ》なら簡単《かんたん》にけちらすことができるだろう。

ソコボウズは、遠《とお》くまで死《し》がいを探《さが》しに行《い》くために、ここまで体《からだ》が巨大化《きょだいか》したとも考《かんが》えられている。坊主《ぼうず》が死《し》がいを食《た》べるのはどうなんだとも思《おも》うが、この巨体《きょたい》は決《けっ》してムダではないのだ。

COLUMN

豆知識《まめちしき》

深海魚《しんかいぎょ》はどれぐらいの深《ふか》さまで生息《せいそく》している？

魚類《ぎょるい》が生息《せいそく》できるのは、水深《すいしん》8200〜8400mが限界《げんかい》だと言《い》われている。しかしこれはあくまでも仮説《かせつ》で、もっと深《ふか》くから魚類《ぎょるい》が見《み》つかる可能性《かのうせい》もゼロではない。

QUIZ

クイズ

Q.次《つぎ》のうち、実在《じつざい》しない生物《せいぶつ》は？

①ボウズカジカ

②アブラボウズ

③ボウズアンコウ

こたえは次《つぎ》のページ

深海《しんかい》の人気者《にんきもの》

センジュナマコ

生息深度｜せいそくしんど

0　500　1000　5500　6000　6500　7000 (m)

レア度《ど》 ★★★★★

不気味度

小

エサを探《さが》して歩《ある》き回《まわ》るナマコ

200m〜1000m
1001m〜1500m
1501m〜3000m
3001m〜

こたえ　③ボウズアンコウ　アンコウ目《もく》は300種以上《しゅいじょう》もいる大《おお》きなグループだが、ボウズアンコウはいない。

せいぶつデータ

名前《なまえ》	センジュナマコ	種族《しゅぞく》	板足目《ばんそくもく》クマナマコ科《か》
生息深度《せいそくしんど》	545〜6720m	生息地《せいそくち》	世界各地《せかいかくち》
体長《たいちょう》	約《やく》8cm	好物《こうぶつ》	どろの中《なか》の有機物《ゆうきぶつ》

　ボテッとした体《からだ》がわいらしいセンジュナマコ。日本《にほん》ではお盆《ぼん》にキュウリの馬《うま》とナスの牛《うし》をかざるが、センジュナマコはそのとなりに並《なら》んでいそうである。

　センジュナマコという名前《なまえ》は、たくさんのうでを持《も》つ仏様《ほとけさま》「千手観音《せんじゅかんのん》」に由来《ゆらい》する。さすがに千《せん》とはいかないが、センジュナマコにはたくさんのあし（正確《せいかく》には管《くだ》）が生《は》えているのだ。

　海底側《かいていがわ》に生《は》えているのは「管足《かんそく》」というあしだ。センジュナマコは、10本以上《ぼんいじょう》にもなるこの管足《かんそく》を使《つか》って、海底《かいてい》をはうように歩《ある》く。そして、背中《せなか》にある触角《しょっかく》のようなものも実《じつ》はあし。「いぼあし」とよばれ、まわりの様《よう》子《す》をさぐるセンサーのように使《つか》うと考《かんが》えられているのだ。

COLUMN

豆知識《まめちしき》

世界一《せかいいち》あしの多《おお》い動物《どうぶつ》はヤスデ

アメリカで発見《はっけん》されたイラクメ・プレニペスというヤスデは、あしが750本《ぼん》もあった。海《うみ》の生物《せいぶつ》ではないが、これが世界最多記録《せかいさいたきろく》とされている。

QUIZ クイズ

Q.センジュナマコの別名《べつめい》は？

①海《うみ》のブタ　②海《うみ》のウシ

③海《うみ》のカバ

こたえは次《つぎ》のページ

KEEP OUT

世界一《せかいいち》深《ふか》い海《うみ》でくらす

カイコウオオソコエビ

生息深度 | せいそくしんど

0 6000 7000 8000 9000 10000 11000(m)

レア度《ど》★★★☆☆

200m〜1000m
1001m〜1500m
1501m〜3000m
3001m〜

何《なに》もないから木《き》を食《た》べる

不気味度

大
中
小

こたえ ①海《うみ》のブタ 「シー・ピッグ（海《うみ》のブタ）」とよばれることもある。

せいぶつデータ

名前《なまえ》	カイコウオオソコエビ	種族《しゅぞく》	端脚目《たんきゃくもく》フトヒゲソコエビ科《か》
生息深度《せいそくしんど》	6000～10920m	生息地《せいそくち》	マリアナ海こうなど
体長《たいちょう》	約《やく》4cm	好物《こうぶつ》	動物《どうぶつ》の死がい、木《き》

世界一深《せかいいちふか》い海《うみ》はマリアナ海《かい》こうだ。その最深部《さいしんぶ》は、水《すい》深約《しんやく》10900m。深海魚《しんかいぎょ》でさえ近《ちか》づけない深《ふか》さである。

だがそんな世界《せかい》にも、生物《せいぶつ》は存在《そんざい》する。そのひとつが、日本《にほん》の無人探査機《むじんたんさき》「かいこう」によって採集《さいしゅう》された、カイコウオオソコエビだ。

カイコウオオソコエビは、上《うえ》から落《お》ちてくる動物《どうぶつ》の死《し》がいやくさった木《き》などを食《た》べている。人間《にんげん》は木《き》の主成分《しゅせいぶん》であるセルロースを分解《ぶんかい》できないが、彼《かれ》らは体内《たいない》にそれを可能《かのう》にする物質《ぶっしつ》を持《も》っているのだ。

彼《かれ》らがすむのは、深海《しんかい》の中《なか》でもとりわけ食《た》べ物《もの》の少《すく》ない超深海《ちょうしんかい》。木《き》ですらも栄養《えいよう》にしなければ、生《い》きてはいけないのだろう。

COLUMN

豆知識《まめちしき》

端脚目《たんきゃくもく》のヨコエビと十脚目《じっきゃくもく》のエビ

カイコウオオソコエビは、ヨコエビの仲間《なかま》。名前《なまえ》に「エビ」とつくが、イセエビやクルマエビなど十《じっ》脚目《きゃくもく》のエビとはちがうグループになる。

QUIZ クイズ

Q. 無人探査機《むじんたんさき》「かいこう」は深海生物以外《しんかいせいぶついがい》に何《なに》を調査《ちょうさ》していた？

①天気《てんき》　②地震《じしん》　③海鳥《うみどり》

こたえは次《つぎ》のページ

4本《ほん》うでのクラゲ

ダイオウクラゲ

生息深度｜せいそくしんど

0 500 1000 6000 6500 7000 7500 (m)

レア度《ど》 ★★★★★

大《おお》きいことはいいことだ

不気味度

特大
大
中
小

こたえ ②地震《じしん》 深海生物《しんかいせいぶつ》だけでなく、海底型地震《かいていがたじしん》の調査《ちょうさ》もしていた。

せいぶつデータ

名前《なまえ》	ダイオウクラゲ	種族《しゅぞく》	旗口《はたくち》クラゲ目《もく》ミズクラゲ科《か》
生息深度《せいそくしんど》	6669m	生息地《せいそくち》	世界各地《せかいかくち》
体長《たいちょう》	約《やく》1.4m（かさ）	好物《こうぶつ》	プランクトン

ダイオウクラゲは、口《くち》からのびた、エサを運《はこ》ぶための口《こう》わんが4本《ほん》しかない。その上《うえ》、他《ほか》のクラゲとはちがい、毒《どく》も持《も》っていない。だがこのクラゲは、体《からだ》がとにかくデカい。かさだけでも直径《ちょっけい》1m以上《いじょう》。口《こう》わんは最大《さいだい》で10mをこえることもあり、しかも帯《おび》のように太《ふと》い。無《む》数《すう》のうでや毒《どく》がなくても、包《つつ》み込《こ》むようにエモノをほ食《しょく》できると考《かんが》えられているのだ。このダイオウクラゲの学《がく》名《めい》は、スティギオメデューサ・ギガンテアと言《い》う。メデューサは神話《しんわ》の世界《せかい》に登場《とうじょう》するかいぶつで、目《め》が合《あ》った者《もの》を石《いし》へと変《か》えてしまう。真《ま》っ暗《くら》な深海《しんかい》で突然《とつぜん》目《め》の前《まえ》にダイオウクラゲが現《あらわ》れたら、エモノたちはやはり石《いし》のようにかたまってしまうことだろう。

COLUMN

豆知識《まめちしき》

かさが2mになるエチゼンクラゲ

食用《しょくよう》になるエチゼンクラゲも、大《おお》型《がた》のクラゲとして知《し》られている。過去《かこ》には漁船《ぎょせん》のあみに大量《たいりょう》にかかり、その漁船《ぎょせん》を転《てん》ぷくさせてしまうという事故《じこ》も起《お》こした。

QUIZ クイズ

Q. 世界《せかい》には何種類《なんしゅるい》のクラゲがいる？

①1000種類《しゅるい》未満《みまん》

②1000〜2999種類《しゅるい》

③3000種類《しゅるい》以上《いじょう》

こたえは次《つぎ》のページ

歯《は》並《なら》びが悪《わる》すぎるアンコウ

キバアンコウ

生息深度｜せいそくしんど

0　500　1000　3500　4000　4500　5000 (m)

レア度《ど》 ★★★★★

200m～1000m
1001m～1500m
1501m～3000m
3001m～

口《くち》のまわりに
キバが生《は》える

こたえ ③3000種類《しゅるい》以上《いじょう》　そのうち約《やく》200種類《しゅるい》が、日本近海《にほんきんかい》に生息《せいそく》している。

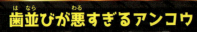

せいぶつデータ

名前《なまえ》	キバアンコウ
種族《しゅぞく》	アンコウ目《もく》キバアンコウ科《か》
生息深度《せいそくしんど》	4000m付近《ふきん》
生息地《せいそくち》	不明《ふめい》
体長《たいちょう》	約《やく》6cm
好物《こうぶつ》	不明《ふめい》

　キバアンコウは、その名《な》の通《とお》り特別《とくべつ》なキバを持《も》つアンコウだ。つりざおを持《も》っていないし、見《み》た目《め》はあまりアンコウらしくない。さて深海生物《しんかいせいぶつ》のキバと言《い》えば、口《くち》が閉《と》じられないほど長《なが》いオニキンメやホウライエソのキバが印象的《いんしょうてき》だ。だが、このキバアンコウのキバは、ある意味《いみ》でもっとスゴい。なんと、口《くち》におさまらないどころか、口《くち》のまわりから生《は》えてしまっているのだ。するどいキバを持《も》つものが多《おお》いアンコウの仲間《なかま》の中《なか》でも、彼《かれ》らほど「キバアンコウ」の名《な》にふさわしい種《しゅ》はいないだろう。しかしなぜこのような生《は》え方《かた》をしているのかは、残念《ざんねん》ながらわかっていない。みんながもしキバアンコウだったら、こんなキバをどうやって使《つか》うだろうか？

COLUMN

豆知識《まめちしき》

やっぱりメスよりもオスが小《ちい》さい

つりざおは持《も》っていないが、こう見《み》えてもアンコウの仲間《なかま》なので、やはりメスよりもオスがずっと小《ちい》さい。このイラストのような姿《すがた》のものは、例外《れいがい》なくメスだ。

QUIZ クイズ

Q. 次《つぎ》のうち、実在《じつざい》するアンコウはどれ？

①アカグツ

②アオグツ

③ミドリグツ

こたえは次《つぎ》のページ

KEEP OUT

深海《しんかい》にも「クモ」がいる

ベニオオウミグモ

生息深度｜せいそくしんど

0　500　1000　3500　4000　4500　5000 (m)

レア度《ど》★★★★★

200m〜1000m

1001m〜1500m

1501m〜3000m

3001m〜

便《べん》利《り》すぎる長《なが》いあし

こたえ　①アカグツ　アカグツはアンコウ目《もく》アカグツ科《か》の魚《さかな》。

せいぶつデータ

名前《なまえ》	ベニオオウミグモ	種族《しゅぞく》	皆脚目《かいきゃくもく》オオウミグモ科《か》
生息深度《せいそくしんど》	700～4000m	生息地《せいそくち》	世界各地《せかいかくち》
体長《たいちょう》	約《やく》40cm（開きゃく時）	好物《こうぶつ》	不明《ふめい》

　みんなの中《なか》には、クモが大《だい》キライという人《ひと》もいることだろう。そんな人《ひと》にとっては残念《ざんねん》なお知《し》らせだが、深海《しんかい》にもクモがいる。陸《りく》のクモとはちがう、ウミグモという仲間《なかま》たちだ。

　ベニオオウミグモは、ウミグモ類《るい》の中《なか》で最《もっと》も大《おお》きな種類《しゅるい》だ。胴体《どうたい》は小《ちい》さく、体《からだ》のほとんどがあしという姿《すがた》をしている。もはやあしが生《い》きているようだが、それもまちがいではない。なんとベニオオウミグモは、体《からだ》に入《はい》りきらない内臓《ないぞう》や生殖器官《せいしょくきかん》を、この長《なが》いあしの中《なか》に入《い》れこんでいるのだ。

　口《くち》はストローのようになっており、エモノにつき刺《さ》して体液《たいえき》を吸《す》い上《あ》げる。

COLUMN

豆知識《まめちしき》　色々入《いろいろはい》るウミグモのあし

ウミグモの仲間《なかま》は胴体《どうたい》がとても小《ちい》さいため、入《はい》りきらないものはあしの中《なか》に入《い》れる。内臓《ないぞう》や生殖器官《せいしょくきかん》だけでなく、卵《たまご》もあしの中《なか》に入《い》れて運《はこ》ぶのだ。

QUIZ クイズ

Q. 次《つぎ》のうち、実在《じつざい》する生物《せいぶつ》はどれ？

①クモガニ
②クモクラゲ
③クモイカ

こたえは次《つぎ》のページ

体《からだ》がすけたオニアンコウ

ユウレイオニアンコウ

生息深度｜せいそくしんど

0　500　1000　1500　2000　2500　3000 (m)

レア度《ど》★★★★★

ゆうれいのように
とうめいなアンコウ

こたえ　①クモガニ　あしが細長《ほそなが》く、クモのように見《み》える。

せいぶつデータ

名前《なまえ》	ユウレイオニアンコウ
種族《しゅぞく》	アンコウ目《もく》オニアンコウ科《か》
生息深度《せいそくしんど》	1500～3200m
生息地《せいそくち》	世界各地《せかいかくち》
体長《たいちょう》	約《やく》8cm（メス）
好物《こうぶつ》	肉食《にくしょく》

名前《なまえ》に悪魔《あくま》と鬼《おに》が両方《りょうほう》入《はい》るアクマオニアンコウは、名《な》前《まえ》に負《ま》けず見《み》た目《め》にもはく力《りょく》がある。ところが、名前《なまえ》にゆうれいと鬼《おに》が入《はい》るユウレイオニアンコウは、ちっともこわくない。

ゆうれいと名《な》づけられたのは、皮《ひ》ふに色素《しきそ》がなく、体《からだ》がとうめいに見《み》えるためだ。クラゲの仲間《なかま》など深海《しんかい》にはとうめいな生物《せいぶつ》が多《おお》いが、とうめいな魚《さかな》というのはなかなかめずらしい。

ちなみにこのユウレイオニアンコウは、以前《いぜん》まで学名《がくめい》でよばれるか、“オニアンコウの一種《いっしゅ》”としてあつかわれていた。最近《さいきん》になって日本《にほん》（小笠原諸島近海《おがさわらしょとうきんかい》）にも生《せい》息《そく》することがわかり、この和名《わめい》がつけられた。

COLUMN

豆知識《まめちしき》

図鑑《ずかん》で見《み》る「○○の仲間《なかま》」ってどういうこと？

深海生物《しんかいせいぶつ》の図鑑《ずかん》などを見《み》ていると「○○の仲間《なかま》」や「○○の一種《いっしゅ》」と書《か》かれているものが多《おお》くいる。こういったものたちは、まだ和名《わめい》をつけられていない種類《しゅるい》なのだ。

QUIZ クイズ

Q. 次《つぎ》のうち体《からだ》がすけていないものは？

①スカシテンジクダイ
②グラスフィッシュ
③トドハダカ

こたえは次《つぎ》のページ

水深《すいしん》 7703mで生《い》きていた魚《さかな》

チヒロクサウオ

生息深度 | せいそくしんど

0 500 1000 6000 6500 7000 7500 (m)

レア度《ど》 ★★★★★

ブヨブヨの
体《からだ》で水《すい》圧《あつ》にたえる

不気味度

大
中
小

200m～1000m
1001m～1500m
1501m～3000m
3001m～

こたえ ③トドハダカ　ハダカといっても、何《なに》もかも丸見《まるみ》えなわけではない。

せいぶつデータ

名前《なまえ》	チヒロクサウオ
種族《しゅぞく》	スズキ目《もく》クサウオ科《か》
生息深度《せいそくしんど》	6156～7703m
生息地《せいそくち》	日本海こう
体長《たいちょう》	約《やく》11cm
好物《こうぶつ》	こうかく類《るい》

チヒロクサウオが発見《はっけん》された水深《すいしん》7703mという世界《せかい》では、ほとんどの魚類《ぎょるい》が生《い》きていけない。食《た》べ物《もの》が少《すく》ないこともあるが、まず水圧《すいあつ》にたえることができないのだ。一説《いっせつ》によれば、水深《すいしん》8000m地点《ちてん》でかかる水《みず》の重《おも》さは、ゾウ1600頭分《とうぶん》にもなるという。

チヒロクサウオがそんなすさまじい水圧《すいあつ》にたえられる秘密《ひみつ》は、ブヨブヨの体《からだ》にある。この本《ほん》にもいくつか登場《とうじょう》しているが、体《からだ》に多《おお》く水分《すいぶん》をふくみ、ブヨブヨの体《からだ》になった魚《さかな》たちは、高《たか》い水圧《すいあつ》にたえやすいのだ。

空気《くうき》の入《はい》った風船《ふうせん》は、水圧《すいあつ》でつぶれてしまう。だが水《みず》を入《い》れた風船《ふうせん》は、同《おな》じ環境《かんきょう》でもつぶれない。チヒロクサウオにも、これと同《おな》じことが言《い》えるのだ。

COLUMN

豆知識《まめちしき》

チヒロクサウオはこんな記録《きろく》の持《も》ち主《ぬし》

実《じつ》はチヒロクサウオは、水深《すいしん》7000m以上《いじょう》の深《ふか》さにおいて、日《に》本《ほん》の研究《けんきゅう》グループが世界《せかい》で初《はじ》めて生態《せいたい》さつえいに成功《せいこう》した魚《さかな》なのだ。2008年《ねん》10月《がつ》のことだ。

QUIZ クイズ

Q. クサウオの名前《なまえ》の由来《ゆらい》は？

①体《からだ》がくさい
②草《くさ》のようなにおいがする
③「くさい」という方言《ほうげん》

こたえは次《つぎ》のページ

インド洋《よう》に生息《せいそく》するチョウチンアンコウ

インドオニアンコウ

生息深度｜せいそくしんど

0　500　1000　1500　3000　3500　4000 (m)

レア度《ど》 ★★★☆☆

200m～1000m
1001m～1500m
1501m～3000m
3001m～

最《さい》後《ご》はメスのイボになる

不気味度

大
中
小

こたえ　③「くさい」という方言《ほうげん》　石川県《いしかわけん》の方言《ほうげん》で「つまらない」という意味《いみ》。だが、由来《ゆらい》にはちがう説《せつ》もある。

せいぶつデータ

名前《なまえ》	インドオニアンコウ
種族《しゅぞく》	アンコウ目《もく》オニアンコウ科《か》
生息深度《せいそくしんど》	4000m以浅《いせん》
生息地《せいそくち》	インド洋《よう》、太平洋《たいへいよう》
体長《たいちょう》	約《やく》5cm（メス）
好物《こうぶつ》	魚類《ぎょるい》、こうかく類《るい》

インドオニアンコウは、インド洋《よう》に生息《せいそく》するチョウチンアンコウの仲間《なかま》。体《からだ》がカレーのような赤茶色《あかちゃいろ》をしているが、これはたまたまだ。

体《からだ》は丸《まる》く、アゴからは１本《ぼん》の太《ふと》いヒゲが生《は》える。オニアンコウ科《か》には複雑《ふくざつ》なアゴヒゲを持《も》つものも多《おお》いが、インドオニアンコウのアゴヒゲはとてもシンプルだ。

チョウチンアンコウの仲間《なかま》なので、やはりメスよりもオスが小《ちい》さい。メスも5cmほどと大《おお》きくはないが、オスは1.5cmほどにしかならないのだ。

そしてオスはメスの体《からだ》にかみつき、子孫《しそん》を残《のこ》す。そしてかみついたまま同化《どうか》され、最後《さいご》にはメスのイボのようになってしまうのだ。

COLUMN

豆知識《まめちしき》

一時的《いちじてき》にしかかみつかないオスもいる

チョウチンアンコウの仲間《なかま》は小《ちい》さいオスがメスにかみつくが、どのオスもそのまま吸収《きゅうしゅう》されてしまうわけではない。一時的《いちじてき》にかみつくだけの種類《しゅるい》もいる。

QUIZ クイズ

Q. 次《つぎ》のうち、実在《じつざい》するオニアンコウは？

①ヒゲモジャオニアンコウ
②ボーボーオニアンコウ
③チョビヒゲオニアンコウ

こたえは次《つぎ》のページ

KEEP OUT KEEP OUT

前方《ぜんほう》に飛《と》び出《で》た大《おお》きな目《め》

ボウエンギョ

生息深度｜せいそくしんど

0　500　1000　1500　3000　3500　4000 (m)

レア度《ど》 ★★★★★

わずかな光《ひかり》も
見逃《みのが》さない

不気味度

特大
大
中
小

こたえ　①ヒゲモジャオニアンコウ　名前《なまえ》の通《とお》りアゴヒゲがモジャモジャしている。

せいぶつデータ

名前《なまえ》	ボウエンギョ	種族《しゅぞく》	ヒメ目《もく》ボウエンギョ科《か》
生息深度《せいそくしんど》	500～3500m	生息地《せいそくち》	世界各地《せかいかくち》
体長《たいちょう》	約《やく》20cm	好物《こうぶつ》	魚類《ぎょるい》

深海《しんかい》では、「見《み》る」ということが想像以上《そうぞういじょう》に難《むずか》しい。暗《くら》やみの中《なか》ですごすうちに見《み》ることをあきらめ、目《め》が小《ちい》さく退化《たいか》したもの、目《め》がなくなってしまったものもたくさんいる。

だが、ボウエンギョはちがう。前方《ぜんぽう》に大《おお》きく飛《と》び出《だ》した、つつ状《じょう》の目《め》。明《あき》らかに見《み》る気《き》マンマンだ。

そしてボウエンギョの目《め》は、決《けっ》して見《み》かけだおしではない。このつつ状《じょう》の目《め》は管状眼《かんじょうがん》とよばれ、わずかな光《ひかり》でもとらえることができるのだ。

この目《め》でエモノを発見《はっけん》したボウエンギョは、するどいキバでおそいかかる。ボウエンギョの胃《い》は大《おお》きくふくらむので、自分《じぶん》より大《おお》きいエモノをねらうこともできる。

COLUMN

豆知識《まめちしき》

ヒメ目《もく》ボウエンギョ科《か》の魚《さかな》

ボウエンギョ科《か》は、ボウエンギョとコガシラボウエンギョの1属《ぞく》2種《しゅ》からなる。コガシラボウエンギョは、日本近海《にほんきんかい》で初《はじ》めて発見《はっけん》されたボウエンギョなのだ。

QUIZ クイズ

Q. 次《つぎ》のうち、管状眼《かんじょうがん》を持《も》つものは？

①デメニギス
②リュウグウノツカイ
③ミズウオ

こたえは次《つぎ》のページ

アゴの長《なが》さは頭《あたま》の10倍《ばい》

フクロウナギ

生息深度｜せいそくしんど

0　500　1000　6500　7000　7500　8000 (m)

レア度《ど》★★★★★

海《かい》水《すい》ごと
エモノを食《た》べる

こたえ　①デメニギス　デメニギスも管状眼《かんじょうがん》の持《も》ち主《ぬし》。

せいぶつデータ

名前《なまえ》	フクロウナギ	種族《しゅぞく》	フウセンウナギ目《もく》フクロウナギ科《か》
生息深度《せいそくしんど》	500〜7800m	生息地《せいそくち》	世界各地《せかいかくち》
体長《たいちょう》	約《やく》75cm	好物《こうぶつ》	エビ類《るい》、魚類《ぎょるい》

フクロウナギの最大《さいだい》の特徴《とくちょう》は、体《からだ》のサイズに見合《みあ》わないデカすぎる口《くち》だ。アゴの骨《ほね》の長《なが》さは、なんと頭《あたま》の骨《ほね》の長《なが》さの約《やく》10倍《ばい》。頭《あたま》にアゴがついていると言《い》うよりも、アゴの上《うえ》に頭《あたま》がのっかっているのだ。

さぞ大食《おおぐ》いなのだろうと思《おも》いきや、フクロウナギの食生活《しょくせいかつ》は意外《いがい》にも質素《しっそ》だ。彼《かれ》らの好物《こうぶつ》は、小《ちい》さなエビ類《るい》や魚類《ぎょるい》。口《くち》を広《ひろ》げて海水《かいすい》ごと小《ちい》さなエモノをとらえ、海水《かいすい》だけをはき出《だ》す。このような口《くち》になったのは、エモノの少《すく》ない深海《しんかい》で、少《すこ》しでも多《おお》く食《た》べるためなのだろう。

細《ほそ》い尾《お》の先《さき》は、発光器《はっこうき》になっている。フクロウナギは、この発光器《はっこうき》を使《つか》ってエモノをおびきよせていると考《かんが》えられている。

COLUMN

豆知識《まめちしき》

口《くち》が大《おお》きいフウセンウナギ

フウセンウナギも口《くち》が大《おお》きい深海《しんかい》魚《ぎょ》だ。フクロウナギは口《くち》を広《ひろ》げてエモノが入《はい》ってくるのを待《ま》つが、フウセンウナギはエモノをおそい、丸《まる》のみにする。

QUIZ クイズ

Q.フクロウナギの英名《えいめい》に入っている動物《どうぶつ》は？

①カバ　②ペリカン
③ワニ

こたえは次《つぎ》のページ

◆参考資料

『学研の図鑑LIVE15巻 深海生物』監修：武田正倫（学研プラス）
『ポプラディア大図鑑WONDAアドベンチャー 深海の生物』監修：藤倉克則（ポプラ社）
『小学館の図鑑NEO〔新版〕魚』監修：井田齊、松浦啓一（小学館）
『小学館の図鑑Z 日本魚類館～精緻な写真と詳しい解説～』編・監：中坊徹次　著・写真：鈴木寿之（小学館）
『講談社の動く図鑑 EX MOVE 深海の生きもの』監修：奥谷喬司／尼岡邦夫（講談社）
『深海生物ファイル―あなたの知らない暗黒世界の住人たち』著者：北村雄一（ネコ・パブリッシング）
『深海生物大事典』著者：佐藤 孝子（成美堂出版）
『カラー図鑑 深海の生きもの』著者：クリエイティブ・スイート（宝島社）
『深海生物の「なぜそうなった？」がわかる本』著・イラスト：北村雄一（秀和システム）
『深海魚摩訶ふしぎ図鑑』著者：北村雄一（保育社）
『へんないきもの』著者：早川いくを（バジリコ）
『【改訂新版】日本産魚類検索 全種の同定 第3版』編著：中坊徹次
『世界で一番美しいクラゲの図鑑』著者：リサ＝アン・ガーシュイン（エクスナレッジ）
『FishBase』www.sealifebase.org
『NATIONAL GEOGRAPHIC』natgeo.nikkeibp.co.jp

◆監修者

新野 大　にいの だい

高知県立足摺海洋館・総支配人、水族館プロデューサー。幼い頃から、水産生物に興味を持ち、1979年に東海大学海洋学部水産学科卒業後、新潟県瀬波水族館へ就職。青森県営浅虫水族館を経て、89年に大阪ウォーターフロント開発株式会社へ入社。大阪・海遊館の開館から携わる。3つの水族館の飼育係として、生物飼育技術を磨く。2005年からは、フリーとして執筆活動を精力的に行い、現在は、足摺海洋館のリニューアルにも携わっている。『へんな生きもの図鑑 深海』（講談社）など監修、著書多数。

◆Staff

執筆	斉藤正太（ユニ報創）	編集	藤本晃一（開発社）
イラスト	川崎悟司	編集部	服部梨絵子
デザイン	杉本龍一郎（開発社）	写真	Shutterstock
校正	文字工房燦光		

かなり不気味な深海せいぶつ図鑑

発行日　2018年9月5日　初版第1刷発行

監修者　新野 大
発行者　井澤豊一郎
発行　株式会社世界文化社
住所　〒102-8187
東京都千代田区九段北4-2-29
電話番号　03-3262-5118（編集部）
03-3262-5115（販売部）
印刷・製本　凸版印刷株式会社

ISBN　978-4-418-18226-8

こたえ　**②ペリカン**　英名《えいめい》は「Pelican eel」。ペリカンウナギという意味《いみ》だ。